无人机

飞行、航拍与后期完全教程

Captain（朱松华） 赵高翔 著

图书在版编目（CIP）数据

无人机飞行、航拍与后期完全教程 / Captain，赵高翔著. -- 北京 ： 人民邮电出版社，2021.4（2024.7重印）
ISBN 978-7-115-55426-0

Ⅰ．①无… Ⅱ．①C… ②赵… Ⅲ．①无人驾驶飞机－飞行原理－教材②无人驾驶飞机－航空摄影－教材 Ⅳ．①V279②TB869

中国版本图书馆CIP数据核字(2020)第237135号

◆ 著   Captain(朱松华) 赵高翔
   责任编辑   张 贞
   责任印制   陈 犇

◆ 人民邮电出版社出版发行   北京市丰台区成寿寺路 11 号
   邮编 100164   电子邮件 315@ptpress.com.cn
   网址 https://www.ptpress.com.cn
   北京九天鸿程印刷有限责任公司印刷

◆ 开本：690×970 1/16
   印张：16.75   2021 年 4 月第 1 版
   字数：348 千字   2024 年 7 月北京第 13 次印刷

定价：89.00 元

读者服务热线：(010)81055296 印装质量热线：(010)81055316
反盗版热线：(010)81055315
广告经营许可证：京东市监广登字 20170147 号

内容提要

本书是中国航空运动协会ASFC持证飞手、大疆天空之城认证摄影师、影像村联合创始人Captain对无人机飞行与航拍技巧的分享。他根据自己使用无人机飞行1900多千米积累的航拍经验，并联合资深航拍摄影师赵高翔，通过上百个主题航拍案例，帮助读者全面了解无人机并掌握用无人机拍出绝美风光大片和视频的技巧。

本书内容分为新手入门篇、飞行进阶篇、空中训练篇、航拍技巧篇、航拍实战篇及后期处理篇，从无人机的选购、验货等开始，循序渐进地介绍了无人机的起飞、空中训练、航拍技巧、光影取景、航拍视频、航拍延时、航拍夜景、航拍全景等技术，以及无人机航拍的后期处理技巧，如全景拼接、App修图、Photoshop修图、Lightroom修图、视频剪辑等内容。

本书文字通俗易懂，并辅以照片及示意图详细解析，既适合由喜欢玩无人机而学摄影的航拍初学者，也适合因工作需要，想提升航拍水平的职业摄影师、记者等。

大咖推荐语

张荣贵 | 中央新影集团特种拍摄事业部副主任，国内知名航拍导演，中影国际电影节最佳航拍摄影奖获得者

"工欲善其事，必先利其器。"这本书的可贵之处是非常接地气，作者以多年来的航拍经验和理论的积累写出了这本书，书中内容深入浅出、言简意赅，无论对于航拍新手还是高手，都是一次系统的充电。

张恒 | 中国延时摄影联盟联合创始人，包头市摄影家协会副主席，《前进中国》总导演，《韵动中国》联合制片人，Getty Images签约摄影师，视觉中国签约摄影师

实际、实用，从理论到实践，机长带你深入浅出了解无人机、掌握无人机、玩转无人机！

无人机航拍的内容从入门到精通，特别适合刚涉足无人机航拍的新手朋友。

牛格 | 搜狐无人机主编

航拍主要是与机器打交道，与想法打交道，与素材打交道，而擅长这"三打"的机长（飞手摄影师们都这么叫他）撰写的本书，可以说是一本系统、全面的指南，总有一章适合你，指引你拍出完美的作品。

王源宗 | 8KRAW创始人，风光摄影师

在中国的无人机航拍界，有一个如雷贯耳的名字——机长。很多无人机爱好者一开始接触无人机时观看的教程，都是机长在大疆无人机社区发表的，机长的教程内容既有入门的，也有提高的，更有进阶高级创意的，一直在无人机教学领域独树一帜。今得知机长将出版航拍教程，特向大家推荐。

Thomas 看看世界 | 户外风光摄影师，2019 国家地理摄影大赛全球总冠军，2018 IPA 大奖得主

无人机带给了摄影师无限的创作空间和可能，使摄影师能用"上帝视角"拍出不一样的美丽大片。

无人机操作比相机更复杂，拍摄风险也更高，相信机长这本书能让您入门学习航拍更加简单，教您快速拍出好片、大片。

Ling（陈雅）| 8KRAW 网站、影像村联合创始人，奥迪 Q5L 广告片总导演，上海城市宣传片《魔都魅影》作者，旅拍达人，足迹遍布全球六大洲 50 多个国家

想拍出不一样的震撼大片吗？机长这本书里有你想知道的关于无人机的一切，帮你从入门到精通，从新手成为高手。

老麦客（梁新建）| 广西艺术学院副教授、研究生导师，Getty Images 签约摄影师，《华夏地理》摄影师，《影像视觉》杂志特邀评委，《越野世界》杂志专栏作者

Captain 是我所知道的国内比较早撰写航拍教程的老师，大量飞手朋友从他那里学习到航拍技巧，也经常在很多平台看到他的作品。而今，他的大量实操经验及教学逻辑终于得以集结出版，本书实在没有理由辜负大家的期待。

张明华 | ASFC 国家委任技术代表，UTC 考官，新华社《微型无人机航拍教程》编撰者

Captain 将他多年积累的心得体会整理成册，对于喜爱航拍的人来说极为宝贵。

本书基于 Captain 长期分享的经验，不仅有别于纯学术派，而且比纯粹的实战派更是多了很多系统性的解释说明。按照书里的内容去操作，你就能得到你设想中的画面和作品。

大咖推荐语

刘夙培 | 国家高级摄影师，大疆天空之城签约摄影师，新华社特约航拍摄影师，
央视纪录片频道特约航拍摄影师，西安欧亚学院无人机影像工坊负责人

Captain 老师的这本新书，由简至深地阐述了最新的拍摄及后期技术，是无人机航拍操作人员从入门到精通的必看书籍。

郑宪章 | 中国摄影家协会会员，上海摄影家协会理事，原《上海画报》首席摄影记者，
举办了"今日上海""我眼中的美丽中华""心象，影像——郑宪章摄影艺术展"等多场影展

一本干货满满的好书！此书非常详尽地介绍了无人机操作、拍摄要领和技巧，以及面对各种问题的应对处理方法。一书在手，纵横蓝天，可以让你完成从新手到高手，从飞手到摄影师的飞跃。想飞得更高、更远，想拍得更好、更完美，请熟读本书。本书将助你成功！

梁韦斌 | 影像村创始人，8KRAW 网站签约摄影师，720 云签约认证摄影师，
作品《梦中西部》曾获 TIPF2017 多伦多国际摄影节延时摄影类金奖

Captain 经常在第一时间发布新机测试体验和各种航拍新方法，他的航拍系列教程长期在各大网络平台获得首页推荐，让很多网友受益。如今，他倾尽全力，全面地把大家航拍摄影学习成长过程中会遇到的各种难题，会涉及的拍摄和后期技巧撰写成书。如果你想全面提高自己的航拍摄影水平，阅读这本书，你一定会收获满满！

阿五在路上 | 著名星空摄影师，星空摄影畅销书作者，英国格林尼治皇家天文台年度摄影师大赛亚军，
美国地球与天空国际摄影大赛冠军

完整的无人机航拍前期、后期教程。
飞手从入门、提高到精通的必备之书。

叶梓颐 | 著名星空摄影师，《中国国家天文》杂志签约摄影师，Discovery探索频道中国区首位签约创作人，2016年"地球与天空"国际摄影大赛"夜空之美"组冠军，曾获英国格林尼治皇家天文台年度天文摄影师大赛奖项

　　无人机的普及给普通人提供了看世界的另一个视角。无人机航拍从入门到精通需要不断地实践和学习，机长这本书中总结的经验和建议，能帮助新手或者想要进阶的朋友少走弯路，享受航拍的乐趣。

资源下载说明

　　本书附赠视频学习文件，扫描右侧的资源下载二维码，关注"pt-press 摄影客"微信公众号，即可获得下载方式。资源下载过程中如有疑问，可通过客服邮箱与我们联系。

客服邮箱：songyuanyuan@ptpress.com.cn

扫一扫 学摄影

资　源　下　载
扫 描 二 维 码
下 载 本 书 配 套 资 源

前　言

我是谁？

我的英文名叫 Captain，因为爱好无人机飞行与航拍，并在网上分享了大量无人机教程，故大家送了我一个"机长"的昵称，在此也借本书出版的宝贵机会，感谢大家的厚爱。

我是做什么的？

我是一名建筑师，也是一名航拍摄影师，酷爱城市摄影和航拍。我获得过天空之城"一键短片视频大赛"最佳创意奖、天空之城"城市剪影影像大赛"三等奖，且连续两年有作品入围搜狐中国无人机大赛。

我曾多次受到大疆实体店，以及无人机世界和 POCO 摄影网站等的邀请，做线下航拍主题讲座和教学。做过的主题分享有"与 Captain 学拍城市短片""换个角度看世界""航拍新境界，延时更出彩""春夏秋冬——四季新天地""机长带你看全航拍镜头语言""无人机安全飞行，享受快乐"等，受到了广大飞友的大力支持和赞赏。

从 2014 年接触无人机航拍以后，我玩过的无人机设备有 Mavic 2 Pro、Inspire 2、Phantom 4 Pro、Mavic 1 Pro、Mavic Air、Spark、Phantom 4、Phantom 3 Advanced、Inspire 1 Pro 等。我不停地将学习航拍的经验总结出来，同时在大疆论坛发表航拍的各种技巧。

印象中，我是 2014 年的最后一天在大疆社区注册的账号。在 6 年多的时间里，我发了近 300 个主题航拍帖，收到的回帖逾 3000 条，感谢大疆和许多机友赠送我"大疆社区教程劳模"的荣誉称号。

由于我制作的航拍教程（特别是对《鸟瞰中国》经典航拍镜头语言的

解说）品质精良，讲解清晰易懂，因此多次作为优秀官方教程，被推荐到大疆论坛首页。

同时，我还创立了"Captain带您飞"品牌，在微信公众号、各大视频网络平台分享自己的教程和作品。还受邀担任"中国·上海静安·绍兴皮划艇马拉松世界杯"专业航拍摄影师以及千岛湖大铁113铁人三项赛lululemon团队的摄影师。

2017年，我和几位摄影师共同创立了"影像村"互联网新锐摄影品牌，目前共聚集了560多位各行各类优秀的摄影师，其中有航拍摄影师、延时摄影师、星空摄影师等。

2018年，我成立自己的C+P Studio工作室，与多家知名建筑地产公司、设计公司有摄影合作。我还参与了多部纪录片、连续剧和宣传片的影视航如《大上海》《让我听懂你的语言》等。

我为什么要写这本书？

在网络上与广大飞友交流的过程中，我发现很多飞友和我当初一样是从小白开始，缺乏系统的无人机航拍知识和实践经验，飞友们希望有一本从入门到精通、从新手到高手的无人机航拍图书，可以指导他们逐步提高无人机航拍技术。

6年的航拍生涯奠定了我扎实的基础，更累积了丰富的无人机飞行经验。因此，我总结了6年来积累的所有航拍经验和技巧，汇集成这本书，希望给广大飞友一个参考，帮助大家共同提高。

看了这本书有何帮助？

这是一本无人机飞行＋航拍＋后期的自学教程，本书共分为23章，主要从"新手入门""飞行进阶""空中训练""航拍技巧""航拍实战""后期处理"6篇，帮助读者快速成为无人机飞行＋航拍＋后期高手！

◆ 新手入门篇：详细介绍了选购无人机、认识无人机配件、规避炸机风险（这里的"炸机"并不是指无人机爆炸了，而是由于操作不当、飞行不当等原因，导致无人机坠毁）、熟知飞行环境等内容，帮助读者熟知无人机，防止炸机。

◆ 飞行进阶篇：详细介绍了DJI GO 4 App的使用技巧、起飞、降落与素材拍摄事项，帮助读者快速掌握App的使用方法，更好地飞行无人机。

◆ 空中训练篇：详细介绍了无人机的各种飞行动作，包括新手专练飞行动作、中级飞行训练以及高级飞行训练等内容，帮助读者快速掌握无人机的飞行技巧，安全飞行无人机。

◆ 航拍技巧篇：详细介绍了无人机的航拍取景技巧以及逆光镜头的魅力拍法等，帮助读者在飞行过程中拍摄出更美的照片和视频，成为无人机航拍高手。

◆ 航拍实战篇：详细介绍了航拍照片、航拍视频、俯拍视频、航拍延时、航拍夜景及航拍全景的方法，帮助读者360°掌握无人机的航拍摄影技术，拍出大片感。

◆ 后期处理篇：详细介绍了手机App的处理技巧、Photoshop的修图技巧、Lightroom的精修技巧以及使用Premiere进行视频剪辑与精修等内容，帮助读者通过后期处理得到高质感大片。

由衷感谢！

第一，感谢广大飞友对我的支持，你们的支持是我分享航拍经验最大的动力。

第二，感谢好友梁韦斌的推荐，让我与赵高翔老师共同策划并完成了这本无人机教程；特别感谢编辑在本书出版期间近百次的协调、沟通，力争让这本书更加圆满。

第三，在编写过程中得到了10多位摄影界专家的全力支持和推荐，深表感谢！他们的推荐让我诚惶诚恐，也鞭策我不断对书籍内容进行完善和细化。

第四，感谢家人的无私支持。这本书的写作和修改基本上都是在深夜零点到凌晨三点钟完成的，由于白天我要忙工作主业，晚上夜深人静挑灯伏案、敲打键盘，难免影响家人休息。

这是一本熬夜之作，从策划到编写差不多耗时一年时间。尽管在写作时呕心沥血，力求尽善尽美，但我深知，世界上没有完美之事，难免有不足之处。我的微信号是：zhusonghua，欢迎各位读者批评、指正。

Captain（机长）

写于上海

目　录

目录

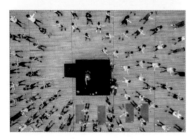

⌒ 飞行进阶篇 ⌒

第 6 章

掌握：小小 App 决定大飞行　77

第 7 章

检查：熟知起飞与素材拍摄事项　109

目录

∽ 空中训练篇 ∽

第 11 章
提高：高级飞手训练，拍出震撼大片 141

∽ 航拍技巧篇 ∽

第 12 章
取景：经典构图快速提升照片表现力 151

目录

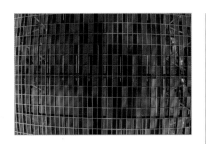

目录

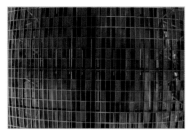

新手入门篇

第 1 章

选购：选择一款合适的无人机

学前提示

　　每当我们看到那些以"上帝视角"拍摄出来的照片时，都感到很震撼、很喜欢，常常被这种独特的视角所吸引，因此，很多摄影爱好者想拥有一台自己的无人机，拍摄出城市、古镇、家乡广阔的美景。而拍摄之前，选购一款适合自己的无人机，就显得相当重要。本章主要介绍无人机的相关知识，帮助大家快速了解无人机，并熟悉相关注意事项。

1.1 什么是无人机，它的美能震惊你的视野

无人驾驶的飞机，我们简称为"无人机"。这种无人机是一种不载人的飞机，主要利用无线电遥控设备和自备的程序控制装置来操控机器的飞行，有一些无人机是通过计算机来间歇或完全地控制飞行的。在2018年农历七夕的时候，某机构在长沙橘子洲头举办了一场无人机灯光秀，777架无人机同时在空中飞翔，变换着不同的形态和样式，闪烁着不同的灯光，惊艳了长沙，成了长沙最美的风景之一，如图1-1所示。

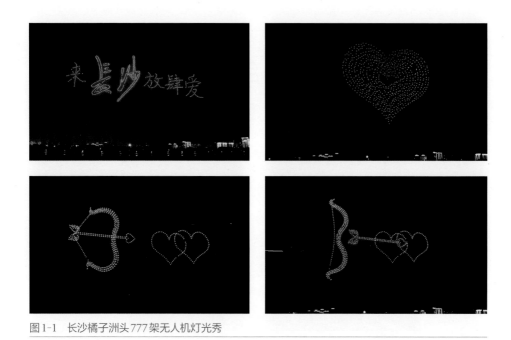

图1-1 长沙橘子洲头777架无人机灯光秀

现在，很多摄影爱好者都喜欢用无人机来摄影，这样可以以不同的视角来展示作品的魅力，带领观众欣赏到更美的风景。随着无人机市场越来越成熟，现在的无人机体积越来越小巧，出门携带也越来越方便，比如大疆的"御"Mavic 2系列无人机，如图1-2所示。

图1-2 大疆
"御"Mavic 2系列
无人机

1.2 看看无人机的种类，购买前了解同类产品

无人机按应用领域来区分的话，可以分为军用与民用两种，民用无人机如图1-3所示。如果从无人机的技术角度来区分的话，可以分为无人直升机、无人固定翼机、无人多旋翼飞行器、无人飞艇、无人伞翼机等。像大疆系列的专用于摄影的无人机，比如大疆"精灵"（Phantom）系列、"御"（Mavic）系列等，就属于民用的无人多旋翼飞行器。

图1-3 民用无人机

大疆有3个系列的无人机深受用户喜爱，分别是大疆"精灵"（Phantom）系列、大疆"御"（Mavic）系列以及大疆"悟"（Inspire）系列，每个系列都各有特点。大疆"御"（Mavic）系列主打轻便、易携带，折叠结构设计使得机器占用空间少，即使是包包角落里都可以容纳下它；大疆"精灵"（Phantom）系列是一款中档半专业级的无人机，抗风能力强、拍摄画质好，主要受众多为航拍一般从业者和深度航拍爱好者，如图1-4所示；大疆"悟"（Inspire）系列的机身可变形，支持双控，摄像头可以单独旋转，画面控制更加精准，最高级别的X7云台携带APC画幅传感器，可以拍摄无损DNG格式视频，画质极佳，适合专业影视航拍使用。

图1-4 大疆"精灵"（Phantom）系列无人机

以上介绍的3个系列虽然都深受用户喜爱，但大疆"御"（Mavic）系列是最受欢迎的，因此，在下面的小节中，将重点对"御"（Mavic）系列的无人机进行相关介绍。

1.3 大疆"御"（Mavic）系列为何如此受欢迎

笔者从大疆"精灵"Phantom 2开始入门，用过"精灵"3、"精灵"4和4P，每次出去一个大包包除了无人机和必要的电池等配件外几乎无法携带其他器材。而大疆"御"（Mavic）系列的折叠机架结构从一出现就震惊了航拍摄影圈，可以把一台无人机设计收纳至如此之小的尺寸。虽然大疆"御"Mavic尺寸减小了，但成像质量没有降低。大疆的"御"（Mavic）系列无人机能够拍摄4K分辨率的视频、1200万～2000万像素的无损DNG照片，画质清晰，可以满足大部分拍摄需求。

"御"（Mavic）系列下又细分了"御"Mavic Pro、"御"Air和"御"Mavic 2等多个子系列，其中"御"Mavic 2又包括专业版和变焦版两款，这两款除了摄像头外其他外观都是一样的。"御"Mavic 2变焦版的相机携带了1/2.3英寸感光芯片，镜头可以在航拍的时候进行画面光学变焦，焦距范围为24mm～48mm。"御"Mavic 2专业版的镜头虽然不能变焦，但携带了1英寸的哈苏感光芯片，拍摄照片时像素更高一些，夜景照片画质也更好；在价格上，"御"Mavic 2专业版更贵一点，更受航拍发烧友的喜爱。

笔者用过很多款无人机，"御"Mavic 2很适合摄影爱好者，特别是喜欢出去旅游的用户，如果价格能接受的话，可以入手一台"御"Mavic 2专业版无人机使用。图1-5所示为"御"Mavic 2在空中飞行时的状态。

图1-5 "御"Mavic 2在空中飞行时的状态

1.4 如何选择适合自己的、性价比高的无人机

选购无人机的时候，性价比和实用性都非常重要。每一款无人机的性能、功能与侧重点都是不一样的，你首先要根据自己的用途来选择最合适的无人机。

对于航拍领域的新手，建议购买大疆旗下的一款叫Tello的无人机，练一练手感与飞行动作，掌握无人机的基本飞行技巧。新手炸机是经常发生的事情，如果飞行的动作与方向掌握不好的话，就很容易操作错误从而炸机。所以，可以买一款便宜的无人机先练练手，就算摔烂了，也不会太心疼。等自己稍微掌握了一些飞行技巧之后，再购买稍好些的无人机，这样也有了基本的技术保障。

对于摄影爱好者，如果本身有一定的摄影水平，为了拓展自己的职业技能而进入航拍领域的话，可以购买大疆的"精灵"（Phantom）系列或"御"（Mavic）系列，这两个系列都很适合。如果从便携性上来说的话，"御"（Mavic）系列更加适合外出携带，因为它轻巧、不占空间，这也是大多数摄影爱好者的首选。

电影、电视剧、商业广告等领域的职业摄影师，可以选择购买大疆的"悟"（Inspire）系列。这款无人机更加厉害，可以像机器人一样变形，拍摄时无人机机架上升，给下部摄像头全方位的旋转拍摄空间。"悟"Inspire 2提供双遥控器控制，还单独配置前置FPV摄像头，飞手可以直接观看FPV前置摄像头画面飞行，而云台则观看摄像头画面控制摄像头的旋转俯仰。"悟"Inspire 2最高可以拍摄6K无损DNG格式视频，就算是在弱光环境下拍摄，也能达到不错的画质效果，非常适合专业影视及高要求视频创作者使用。图1-6所示为"悟"Inspire 2无人机。

图1-6　大疆"悟"Inspire 2无人机

1.5　购买无人机注意事项，这个不看会吃亏

当我们确定要购买哪一种类型的无人机之后，还要了解这种无人机的技术参数，比如飞行器的稳定性能、飞行速度、遥控距离、摄像头的焦距、拍照以及录像的分辨率等，这些参数对于我们购买无人机具有参考意义。这些参数一般在大疆官网都可以查到，这里不再说明。

购买无人机之前，还要清楚无人机有哪些配件，验货的时候要按清单一一查验收到的配件物品是否齐全。笔者之前购买过一台"御"Mavic 2无人机，收货时就发现少了一个USB转接头，最后请商家及时补发了。一样小配件，可能不值多少钱，但需要的时候再专门花时间去买，也是划不来的，耗时耗力，所以该有的物件全部都要检查好。

收到无人机后，也要尽快进行飞行测试，检查飞行性能、摄影摄像功能是否正常，等等。笔者有一次就遇到"精灵"Phantom 4P的指南针无法校准的情况，多次尝试后仍无效，后来大疆就直接给我更换了一台新机器。

1.6 玩无人机也违法？先来看看这个

2017年以来，成都、重庆以及昆明等多个机场发生无人机"黑飞"事件，多架无人机入侵机场净空保护区，导致多次航班延误、被迫下降，严重影响了航空运输飞行安全。之后，大疆就对禁飞区进行了更新，而购买无人机也需要进行实名登记。

所以，我们在飞行前，一定要了解无人机的飞行限制及限飞区域。限飞区在大疆无人机上就可以查询到，无人机在这类地区定位后无法解锁电机起飞。

大家很多时候也会带无人机出国航拍，要留意的是大部分欧美国家在市区内都禁飞，美国国家公园也禁飞。大家一定要查询清楚，以免自己不小心触犯了法津法规，后果是非常严重的。情节较轻的可能是没收无人机或处以高额罚款；情节严重的，会予以刑事拘留处理，甚至入罪。

无人机在靠近限飞区域时，其性能会受到不同程度的影响，如无人机的飞行速度会被降低，无法进行相关飞行操作，正在执行的飞行操作被中止等。如果要在一个陌生的城市起飞无人机，要先查一查这里是否属于限飞区域。通过手机App就可以方便地查询，方法如下所述。

进入DJI GO 4 App主界面，点击右上角的"设置"按钮 ☰，在弹出的列表框中点击"限飞信息查询"选项，即可打开DJI大疆限飞区查询界面；在界面上方的"搜索栏"中输入相应的地点，即可查询该地点是否属于无人机的限飞区域，如图1-7所示。

图1-7 查询无人机的限飞区域

第 2 章

验货：检查与认识无人机配件

学前提示

经过第 1 章的学习和了解，接下来我们需要对新入手的无人机进行开箱验货，检查无人机的配件是否齐全，新的机器有没有问题，遥控器的反应是否灵敏，以及无人机的机身是否有破损的现象。进行这些基本的检查与验货之后，才能保证我们拿到的无人机是安全的。本章主要介绍如何检查与认识无人机及配件，了解机器的各组成部分，以及熟悉它们的特性等。

2.1 无人机的配件清单，一样一样仔细核对

购买无人机之前，首先需要了解无人机配件清单中有哪些物品，以免出现配件缺失或遗漏的现象。下面以大疆"御"Mavic 2专业版为例，介绍官方标配的物品清单。

- 飞行器：1个。
- 遥控器：1个。
- 智能飞行电池：1块。
- 充电器：1个。
- 电源线：1根。
- 降噪螺旋桨：3对。
- 遥控器转接线：标准Micro USB接头1根，USB Tpye-C接头1根，Lightning接头1根（含束线滑块）。
- 云台保护罩：1个。
- 数据线：USB Type-C1根，USB转接头1个。
- 遥控器束线滑块：3个（1个大的，2个小的）。
- 备用摇杆：1对。

这里说明一下，"御"Mavic 2专业版自带8GB机载内存，后续用户可以自行购买内存卡扩展容量。另外，建议用户购买一个全能配件包，全能配件包中包含以下配件，非常实用。

- 车载充电器1个。
- 智能飞行电池2块。
- 出行单肩包1个。
- 螺旋桨2对。
- 电池管家1个。
- 电池－充电宝转换器1个，可将电池当作充电宝使用。

图2-1所示为"御"Mavic 2专业版全能配件包。

图2-1 "御"Mavic 2专业版全能配件包

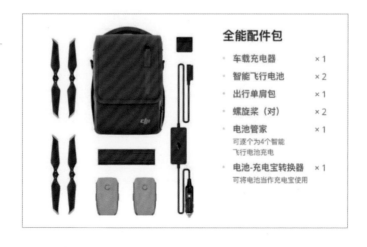

2.2　开箱检查无人机，确认无人机是否完好无损

当我们拿到无人机后，要先开箱检查。图2-2所示的是笔者购买的"御"Mavic 2无人机及全能配件包的全部物品，摊开放在桌上，以便一样一样检查。

图2-2　笔者购买的"御"Mavic 2无人机及全能配件包的物品

首先检查无人机的机身以及各配件的外观是否完整，有没有破损的现象。如果无人机或配件有损伤，一定要及时联系售后解决问题，千万不能带着有问题或破损的无人机飞行，这样会有很大的安全隐患。

① **检查机身是否完好：** 检查无人机机身的外观是否完好，是否有受伤、破损的痕迹；无人机机身的螺丝是否有松动和异样，如果出现这些情况，要及时找商家更换。

② **检查螺旋桨的桨叶：** 检查桨叶的外观是否正常，是否有弯折、破损、裂痕等。

③ **检查遥控器：** 遥控器也是一个非常重要的配件，是我们经常使用的。对遥控器主要检查天线是否有损伤，因为天线影响信号的稳定性，还有遥控器的摇杆是否在遥控器收纳位置里。

④ **检查云台相机：** 云台的保护罩是否完好，云台相机的镜片是否干净、是否有裂痕。

⑤ **检查电池：** 电池的外观是否出现鼓胀或变形，是否有液体流出，如果出现这些情况，应及时联系商家，并进行报废处理。

2.3　开机、自检、激活无人机，按流程操作

首先，我们要检查无人机的状态，螺旋桨有没有装好？电池有没有卡紧？然后，我们要掌握无人机的开机顺序，到底是先开飞行器还是先开遥控器呢？开机之后，有时候会提示用户需要升级固件，此时我们需要对固件进行升级操作，以便更安全地飞行无人机。本节主要介绍无人机的开机技巧，希望大家熟练掌握本节内容。

安装摇杆、螺旋桨与电池的方法，在本章后面的内容中进行了详细介绍。首次使用无人机时，需要给智能飞行电池充电，以激活电池，再将电池安装到无人机的机身上。

将手机与遥控器进行连接时，请确保手机可正常连接至互联网。开启无人机的电源之前，要确保云台罩已经移除，无人机的前后机臂均已展开，以免影响无人机自检。

开启无人机的顺序如下所述。

第一步：开启遥控器。

第二步：开启飞行器。

第三步：运行DJI GO 4 App。

🔘专家提醒 在大疆官方的说明书中，开启无人机顺序是先开遥控器，再开飞行器。即便现在无人机和遥控器属于一对一的连接，先开无人机也不会因受到别的遥控器干扰而飞走，但大家在开机时仍需遵守正规步骤，先开遥控器再开无人机，以确保无人机一直在遥控器的控制之中。大疆"精灵"Phantom 2时代确有先开无人机后无人机飞走的情况发生，为确保万无一失，还是建议按照大疆说明书步骤正确执行开机顺序。

运行DJI GO 4 App之后，程序会自动对无人机进行自检，并自动弹出激活界面，用户可以根据DJI GO 4 App界面中的相关提示，对无人机进行激活操作。

2.4 一定要试飞无人机，检验机器的性能

检验与测试无人机的性能是验货的另一个方面，主要包括无人机是否能正常起飞，测试电池的续航能力、抗风能力，检验低温性能等。如果用户自己还不会起飞无人机，可以请店家先验货试飞，然后根据店家的方法再操作一次。下面对相关验货知识进行介绍。

● **检验一：是否可以正常校准指南针**

无人机在飞行时，除了依赖全球卫星定位系统外，指挥无人机回归正确定位的是指南针。一般建议新机器开机后，立即校准指南针。校准指南针一定要远离建筑、钢铁厂和地铁等设施，尽量选择在开阔地校准。新手可以按照DJI GO 4 App中的提示进行操作，先水平旋转无人机，然后使无人机机头朝下，继续水平旋转无人机即可校准指南针。如果没有校准成功，请更换起飞地点后重新校准指南针。

● **检验二：是否能正常起飞**

测试遥控器的摇杆功能。先打开DJI GO 4 App，进入遥控器功能设置选项，选择遥控器校准，推动所有通道的摇杆到最大工作范围并重复几次。然后将无人机上升至5米的高度，检验上升、下降、向前、向后、向左、向右是否均能正常飞行。

● **检验三：拍摄性能是否正常**

打开App，先设置自动挡拍摄模式，画面显示正常后，拍摄几张照片和几段视频，然后按三角形回放按键，看是否可以正常回放照片和视频。如果可以的话，还应支持取出存储卡并使用读卡器在电脑上读取播放。如果可以正常回放，说明拍摄性能完全正常；

如果发现回放的照片上出现彩色条纹，说明摄像头的数据线出现故障了；如果发现照片和视频全黑，那就是无人机出现故障了，需要更换新机器。

● **检验四：测试无人机的避障功能**

此测试建议找熟练飞手进行操作，新手不建议尝试。无人机默认是打开所有避障设置的，建议打开 DJI GO 4 App 进行复核。找到一堵墙壁，控制无人机以飞至离墙壁 3米～5 米的位置，看 App 是否有距离提示。如有正确距离提示并发出警报，说明无人机避障功能没有问题。接下来需要点击屏幕遥控器图标，选择三脚架图标，开启三脚架飞行模式，然后控制无人机的左右侧面分别靠近墙面，同样查看 App 是否有准确提示。

2.5　认识遥控器，你的无人机连接正常吗

以大疆"御"Mavic 2 专业版为例，这款无人机的遥控器采用 OcuSync 2.0 高清图传技术，通信距离最大为 8 千米，通过手机屏幕即可显示拍摄到的高清画面，遥控器的电池最长工作时间为 2 小时 15 分钟。

下面介绍遥控器上的各功能按钮，如图 2-3（a）和图 2-3（b）所示。

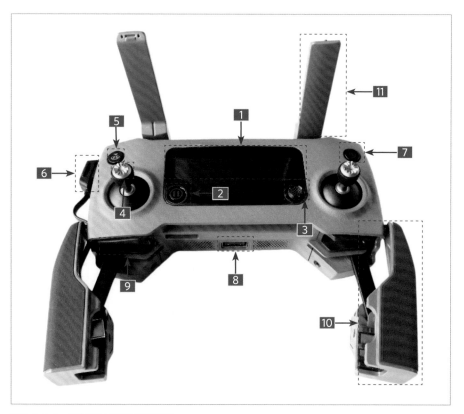

图 2-3（a）　遥控器上的各功能按钮

图2-3（b） 遥控器上的各功能按钮

遥控器中的各按钮含义及功能如下所述。

1 状态显示屏：可以实时显示飞行器的飞行数据（如飞行距离、飞行高度等）及电池剩余电量等信息。

2 急停按钮 ⅠⅠ：在智能飞行过程中，如果中途出现特殊情况需要停止飞行，可以按下此按钮，飞行器将紧急刹车并原地悬停。

3 五维按钮 ▦：这是一个自定义功能键，用户可以在App的飞行界面点击右上角的"通用设置"图标 •••，打开"通用设置"界面，点击左侧的"遥控器"图标 ▥，进入"遥控器功能设置"界面，对五维键功能进行自定义设置，如图2-4所示。

图2-4 自定义设置
五维键的功能

4 可拆卸摇杆：摇杆主要负责控制飞行器的飞行方向和飞行高度，如前、后、左、右、上、下及旋转等。

5 智能返航按钮：长按智能返航按钮，将发出"嘀嘀"的声音，此时飞行器将返航至最新记录的返航点。在返航过程中依然可以使用摇杆控制飞行器的飞行高度和速度，但飞行器会一直朝向返航点飞行。

6 主图传/充电接口（Micro USB）：该接口有两个作用，一是用来充电；二是用来连接遥控器移动设备以运行DJI GO 4 App，用于图像及数据传输。

7 电源按钮：首先短按一次电源按钮，状态显示屏上将显示遥控器当前的电量信息，然后再长按2秒，即可开启遥控器，显示开机信息。关闭遥控器的方法也是一样的，首先短按一次，然后长按2秒，即可关闭遥控器。

8 备用图传接口：这是备用的USB图传接口，如果拔下主图传接口数据线后，可用USB数据线连接平板电脑或手机。

9 摇杆收纳槽：当用户不再使用无人机时，可以将摇杆取下，放进该收纳槽中。

10 手柄：双手握持，可以将手机等移动设备放在两个手柄中间的卡槽位置，以在操控时能同时稳定地使用该移动设备。

11 天线：用于传输无线信号，准确地与飞行器进行信号接收与传达。

12 录影按钮：短按该按钮，可以开始或停止视频画面的录制操作。

13 对焦/拍照按钮：该按钮为半按状态时，可为画面对焦；彻底短按一次该按钮，可以进行拍照。

14 云台俯仰控制拨轮：可以实时调节云台的俯仰角度。

15 光圈/快门调节拨轮：可以根据拍摄模式调节光圈、快门的具体参数；点按可以切换调节选项，滚动可以调节具体数值。

16 自定义功能按钮C1：该按钮默认为中心对焦功能，用户可以通过DJI GO 4 App的"通用设置"自定义设置该功能按钮。

17 自定义功能按钮C2：该按钮默认为回放功能，用户可以通过DJI GO 4 App的"通用设置"自定义设置该功能按钮。

2.6　认识操作杆，飞好无人机就全靠它了

本节将介绍两种常用的遥控器摇杆的操控模式，一种是"美国手"，另一种是"日本手"。遥控器出厂的时候，默认的操作方式是"美国手"。

什么是"美国手"呢？估计初次接触无人机的用户，可能听不懂这个词。"美国手"就是指左摇杆控制飞行器的上升/下降和左转/右转，右摇杆控制飞行器的飞行方向是前进/后退还是向左/向右，如图2-5所示。

图2-5 "美国手"的操控方式

而"日本手"是指左摇杆控制飞行器的前进/后退和左转/右转，右摇杆控制飞行器是上升/下降或向左/向右飞行，如图2-6所示。

图2-6 "日本手"的操控
方式

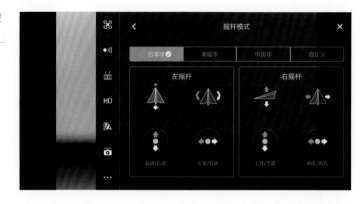

本书以"美国手"为例，介绍遥控器的具体操控方式。这是学习无人机飞行的基础和重点，能不能安全飞好无人机，全靠用户对摇杆操控的熟练度，希望大家熟练掌握。

左摇杆的具体操控方式如下所述。

- 左摇杆向上推杆，表示飞行器上升。
- 左摇杆向下拉杆，表示飞行器下降。
- 左摇杆向左打杆，表示飞行器逆时针旋转。
- 左摇杆向右打杆，表示飞行器顺时针旋转。
- 左摇杆位于中间位置时，飞行器的高度、旋转角度均保持不变。
- 飞行器起飞时，应该将左遥杆缓慢地往上推，让飞行器缓慢上升，慢慢离开地面，这样飞行才安全。如果猛地将左摇杆往上推，那么飞行器会急速上冲，如果顶部有障碍物，一不小心会引起炸机。

右摇杆的具体操控方式如下所述。

- 右摇杆向上推杆，表示飞行器向前飞行。
- 右摇杆向下拉杆，表示飞行器向后飞行。
- 右摇杆向左打杆，表示飞行器向左飞行。
- 右摇杆向右打杆，表示飞行器向右飞行。
- 摇杆杆量越大，飞行的速度越快。

💡专家提醒 在操控摇杆的过程中，应该养成慢慢推杆的操控习惯，保持飞行器平稳飞行。我们可以把摇杆比喻成汽车上的油门踏板，轻轻地踩，汽车行驶才安全。另外要注意的是，无人机左右前后都是针对无人机朝向而言的方向，如果无人机摄像头对着自己，遥控器的操控方向应与我们目视时无人机的左右前后是相反的。初学者一定要先从对尾模式开始练习，熟练之后再练习对头模式的飞行。

2.7　认识状态显示屏，读懂无人机的信息

要想安全地飞行无人机，就需要掌握遥控器状态显示屏中的各功能信息，熟知它们代表的具体含义，如图2-7所示。

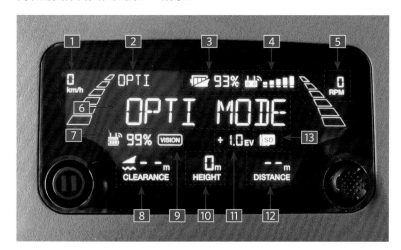

图2-7　遥控器状态显示屏

状态栏中各信息的含义分别如下所述。

1 飞行速度：显示飞行器当前的飞行速度。

2 飞行模式：显示飞行器当前的飞行模式。OPTI是指视觉模式；如果显示的是GPS，则表示当前是GPS模式。

3 飞行器的电量：显示飞行器当前的剩余电量信息。

4 遥控器信号质量：五格信号代表质量非常好；如果只有一格信号，表示信号极弱。

5 电机转速：显示电机当前转速数据。

6 系统状态：显示无人机系统当前的状态信息。

7 遥控器电量：显示遥控器当前的剩余电量信息。

8 下视视觉系统检测高度：显示飞行器下视视觉系统检测到的高度数据。

9 视觉系统：显示视觉系统的名称。

10 飞行高度：显示当前飞行器飞行高度。

11 相机曝光补偿：显示相机的曝光补偿参数值。

12 飞行距离：显示当前飞行器与起始位置之间的距离值。

13 Micro SD卡检测提示：表示SD卡正常。

2.8　认识云台，它能捕捉世间最美的风景

近年来，随着无人机技术的不断更新和进步，应用于无人机的三轴稳定云台为无人机相机提供了稳定的平台，可以使无人机在天空中高速飞行的时候，也能拍摄出清晰的照片和视频。

在无人机飞行过程中，用户有两种方法调整云台的角度。一种是通过遥控器上的云

台俯仰拨轮，调整云台的角度；另一种是在DJI GO 4 App相机界面长按屏幕直至出现蓝色的光圈，通过拖动该光圈也可以调整云台的角度。

　　无人机的拍摄功能十分强大，云台可在跟随模式和FPV模式下工作，以拍摄出用户需要的照片或视频画面。图2-8所示为"御"Mavic 2专业版的云台相机。

图2-8 "御"Mavic 2专业版的云台相机

🔆专家提醒 "御"Mavic 2云台俯仰角度的可控范围为−90°～+30°。云台是非常脆弱的设备，所以在操控云台的过程中需要注意，开启无人机的电源后，请勿再碰撞云台，以免云台受损，导致云台性能下降。另外，在沙漠地区使用无人机时，要注意不能让云台接触沙石。如果云台进沙了，那么会造成云台活动受阻，同样会影响云台的性能。如果发现云台水平存在误差，可以进入云台选项进行云台自动校准，保持云台的最佳平衡。

2.9　认识螺旋桨，能不能飞稳，它是关键

　　"御"Mavic 2专业版无人机使用降噪快拆螺旋桨。根据桨帽的不同分为两种，一种是桨帽带白色圆圈标记的螺旋桨，另一种是桨帽不带白色圆圈标记的螺旋桨，如图2-9所示。

不带白色圆圈

带白色圆圈

图2-9　带白色圆圈标记和不带白色圆圈标记的螺旋桨

1. 安装方法

将带白色圆圈标记的螺旋桨安装至带白色标记的电机桨座上，如图2-10所示；将不带白色圆圈标记的螺旋桨安装至不带白色标记的电机桨座上，如图2-11所示。

图 2-10　带白色标记的电机桨座

图 2-11　不带白色标记的电机桨座

将桨帽对准电机桨座的孔（如图2-12所示），嵌入电机桨座并按压到底，再沿锁紧方向旋转螺旋桨到底，松手后螺旋桨将弹起锁紧，如图2-13所示。安装完毕后一定要检查螺旋桨有没有锁紧。

图 2-12　将桨帽对准电机桨座的孔

图 2-13　螺旋桨将弹起锁紧

2. 拆卸方法

当不需要再飞行无人机时，可以将无人机收起来。在折叠收起的过程中，需要将螺旋桨也拆卸下来，这样可以防止螺旋桨伤到人或受损。拆卸螺旋桨的方法很简单，用力按压桨帽到底，然后沿螺旋桨所示锁紧方向反向旋转螺旋桨，即可将螺旋桨拧出拆卸下来。

在拆卸和使用螺旋桨的过程中，用户需要注意以下7个要点。

① 要使用与无人机相同型号的螺旋桨，切记不可将不同型号的无人机和螺旋桨混用。

② 由于螺旋桨的桨叶比较薄，拿起或放下的时候，一定要小心。

③ 螺旋桨属于容易损耗的配件，如果有损伤了，一定要换掉，不可再使用。

④ 每次飞行前，一定要检查螺旋桨是否完好，电机是否正常，螺丝是否有松动，配件是否有老化、变形、破损的状况。

⑤ 确保电机安装牢固，电机内无异物，可以自由旋转。

⑥ 千万不能自行改装电机改变其物理结构。

⑦ 停止无人机的飞行后，不要立马用手去拆卸螺旋桨，因为这个时候的电机是发烫的状态，容易烫到手，应等电机冷却后再拆卸螺旋桨。

2.10 认识充电器与电池，续航能力得看它

电池是无人机的动力、马达，是专门给无人机供电的。如果电量不足，无人机就无法飞行，所以我们要学会正确使用与保养电池，让它能经久耐用。购买无人机时，机器本身会自带一块电池。一块电池一般只能飞行30分钟左右，是远远不能满足我们的拍摄需求的，所以建议大家再购买两块电池备用。图2-14所示为"御"Mavic 2专业版无人机的电池。

图2-14 "御"Mavic 2专业版无人机的电池

下面介绍一些有关电池的使用与保养方法，对大家的飞行会有一定帮助。

（1）**使用满格电量飞行**。飞行前一定要检查电池的电量，避免起飞时发现电量不足，又跑回家充电，既麻烦，在时间规划上也不合理；同时也要避免当飞行到既定的位置后，发现电量不足，又飞回来，严重影响拍摄的效率和拍摄的心情。由于一块电池的使用时间有限，一定要将有限的时间用来拍摄我们需要的内容，因而电量是非常珍贵的。

（2）**低温环境下飞行的要点**。适宜电池工作的环境温度在 −10℃～40℃，如果是在冬天极低温度（低于−10℃）情况下飞行，一定要将电池进行充分预热。常规办法是贴身放置，利用身体温度进行预热；有车子的话也可以放在通风口预热；有条件的话也可以购买USB电加热器进行预热。笔者就购买了一个USB的暖手宝用来对电池进行预热。

（3）**飞行前检查卡扣是否锁紧**。飞行无人机之前，一定要检查电池卡扣和螺旋桨的卡扣是否均锁紧了。起飞时，先开启遥控器：短按一次电源按键，再长按2秒开启遥控器电源。飞行结束后，大家一定要注意，千万别在无人机通电的情况下，拔下电池，同样要短按一次电源开关，再长按电源开关2秒关机，正确关机后，再拔下电池更换新的备用电池。

（4）**设置好电池的报警数值**。在DJI GO 4 App中可以设置电池的报警数值，当电池的电量低于百分之多少时，会自动报警。一般情况下，当飞行器电池电量低于20%的时候，无人机会进入紧急状态，所以一般低电量的报警数值设置为30%或25%最好，从

而留出足够的电量给无人机返航。建议在App的"通用设置"中开启"低电量智能返航"功能，避免无人机因为没电而炸机、坠毁。设置界面如图2-15所示。

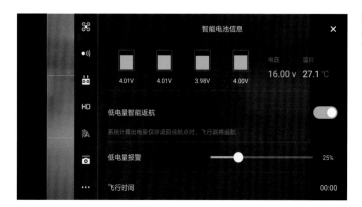

图2-15　设置低电量的报警提示与低电量智能返航

在飞行无人机的过程中，一定要时刻关注无人机的电量，因为有时候由于天气太冷的原因，电池放电会比较快；或者因为飞行中掰油门摇杆太过用力，电池的输出功率会增大，导致无人机并不能飞行30分钟。所以，当无人机低电量报警时，一定要尽快让无人机返航。如果电池有损坏，App也会及时提醒，要时刻关注报警信息。

夏天室外的温度过高时，我们不也能让无人机长时间置于太阳下，适宜的工作环境温度为-10℃～40℃，如果温度高于50℃，会有比较大的安全隐患。另外，高温天气时往往光照也很高，这时手机屏幕也会降低至最低亮度，将会严重影响拍摄，甚至影响安全性。所以，温度过高时，要谨慎飞行，降低飞行强度。

电池需要放在阴凉、干燥、通风的地方保存，最适宜的保存温度为22℃～28℃。如果有很长一段时间不需要使用无人机，电池中要留一半左右的余电。千万不要直接存储已低电量报警的电池，建议大家对电池充电至50%再进行存储。当电池满电时，建议将首放电时间设置得短一些，如3天。3天不使用无人机电池就会自己放电，直至电池电量为中低电量为止。存储电池时，不要将电池靠近热源（比如火炉旁、阳台上有太阳光直射处），也不能使电池接触任何液体。

如果你要带无人机出去旅行，在运输过程中，不要将电池与手表、项链等金属物体一同存储运输。运输前将电池放电至50%左右，如果要将无人机带上飞机，建议将电量放电至30%以下。运输过程中，避免对电池造成因碾压、撞击、掉落等导致的外力损伤，一定要在安全的背包中妥善保存好。

在为电池充电的时候，一定要选择通风条件好的地方，并且切记充电环境温度必须为5℃～40℃。如果室内温度低于5℃，会出现电池充不进电的情况。还有，充电的过程中，要防止小孩拿着电池玩耍，这样会影响电池的寿命，应尽可能将电池放在小孩碰不着的地方。正确的充电方法是先将电源适配器的插槽与电池插槽连接，再将插头与插座孔连接，如图2-16所示。电池充满电后，要及时拔下，以免引发爆炸事件，这种安全问题我们一定要重视。

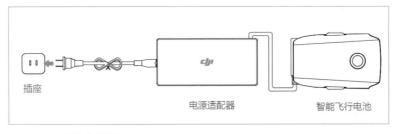

图2-16　正确的充电方法

2.11　固件的升级，能解决大部分飞行问题

不管哪一款无人机，都会遇到固件升级问题。既然是系统设备，就会有系统更新，可以帮助无人机修复系统漏洞，或者新增某些功能，提升飞行的安全性。在进行系统固件升级前，一定要保证有足够的电量，以免升级过程中断，导致无人机系统崩溃。

每一次开启无人机时，DJI GO 4 App都会进行系统版本的检测，界面上会显示相应的检测提示信息，如图2-17所示；如果系统是最新版本的，就不需要升级，系统可以正常使用，如图2-18所示。

图2-17　版本检测提示信息
（左）

图2-18　设备已检测完毕
（右）

如果系统的版本不是最新的，则界面顶端会弹出红色的提示信息，提示用户可以升级的固件类型；这里提示飞行器与遥控器固件都需要升级，如图2-19所示。点击红色提示信息内容，进入"固件升级"界面，其中详细介绍了更新的内容（更新日志）以及相关注意事项，点击"开始升级"按钮开始固件升级，如图2-20所示。

图2-19　点击红色提示信息内容（左）

图2-20　点击"开始升级"按钮（右）

　　弹出提示信息框，点击"继续"按钮，如图2-21所示；程序开始下载升级包，并显示下载进度，如图2-22所示。

图2-21　点击"继续"按钮（左）

图2-22　显示下载进度（右）

　　稍等片刻，待升级包下载完成后，将自动上传到固件程序，为固件进行升级操作，并显示上传进度，如图2-23所示。上传完成后，界面弹出提示信息框，提示遥控器固件升级成功，需要重新启动遥控器与飞行器，点击"确定"按钮，如图2-24所示。

图2-23　显示上传进度（左）

图2-24　点击"确定"按钮
（右）

　　返回"固件升级"界面，点击"完成"按钮，如图2-25所示，完成固件的升级操作。重新启动遥控器与飞行器，打开DJI GO 4 App，此时界面上方显示版本正在检测，检查固件版本信息，如图2-26所示。

图2-25　点击"完成"按钮（左）

图2-26　检查固件版本信息
（右）

　　稍等片刻，弹出"固件版本不一致"的信息，提示用户电池模块的固件也需要升级，前面是对遥控器与飞行器的固件进行升级，接下来是对电池的固件进行升级。从左向右滑动"滑动来刷新"滑块，如图2-27所示；稍后界面上方显示固件正在升级中，并显示升级进度，如图2-28所示；待升级完成后，程序再次进行版本检测，如果全部固件已升级完成，则会提示"您的设备版本已最新！"，如图2-29所示。

接下来，就可以带着你的无人机出去安全地飞行了。固件升级可以保证无人机飞控系统的稳定性，解决一些系统程序存在的漏洞。

图2-27　滑动刷新

图2-28　升级中（左）

图2-29　更新完成（右）

●专家提醒　这里有一个细节需要用户注意，无人机的电池电量非常珍贵，因为它只能飞行30分钟左右，而固件升级是一个常态，经常需要更新和升级系统，而且非常消耗电量。因此建议用户每次外出拍摄前，先在家里至少开启两次无人机，检查系统需不需要升级，如果需要升级，则升级完成后，给电池充满电再外出拍摄。

笔者发现，有时开机一次检测不到电池需要升级，第二次才会检测到。要是到了室外准备开机飞行时，才发现需要升级固件，是一件非常令人头痛的事情，升级固件至少会消耗20%的电量，这样一来能够用于飞行拍摄的电量就少了。

第 3 章

小心：多种炸机风险要提前规避

学前提示

在航拍圈子里有一句话，说航拍"老司机"都是炸机炸出来的。笔者从 2014 年开始玩无人机，平均每年都会损失一架无人机。本章总结出了多种炸机风险，希望能帮助读者降低炸机的概率，提高飞行的安全性，也希望能降低读者玩无人机的损失与成本。

3.1　起飞无人机后，这样的操作必不可少

　　起飞无人机后，应先将无人机上升至 5 米的高度，悬停一会儿，然后试一试前、后、左、右各飞行动作，检查无人机在飞行过程是否顺畅、稳定。当觉得无人机各功能没问题后，再缓慢上升至天空中，以天空的视角来俯瞰大地，发现美景。

　　在飞行的过程中，遥控器的天线与无人机的天线要保持平行，而且天线与无人机之间不能有任何遮挡物，以免影响遥控器与飞行器之间的信号传输。图 3-1 所示为手持遥控器的站姿。

图 3-1　手持遥控器的站姿

3.2　降落无人机时，这些方面千万要注意

　　在无人机的降落过程中，一定要确认降落点是否安全，地面是否平整，是否有树枝遮挡等，还应时刻注意返航时的电量情况。凹凸不平的地面或山区，是不适合无人机降落的。如果大家在图 3-2 所示的这种不平整的草面上降落无人机的话，可能会损坏无人机的螺旋桨。

图 3-2　凹凸不平的草地

进行无人机返航操作时，新手都喜欢用"一键返航"功能，但笔者建议大家少用这个功能，因为每次返航都可以当作一次飞行练习，训练无人机操作的熟练程度。并且，如果返航时返航点没有及时刷新的话，使用"一键返航"功能无人机可能无法执行自动返航功能。不过，如果及时刷新了返航点，那么"一键返航"功能还是比较实用的。

在无人机降落之前，一定要隔离地面无关的人员，选择人群较少的环境，以免影响无人机降落或是伤到他人。不管是人受伤还是无人机受伤，都会造成一定的损失，所以无人机的降落安全一定要重视。

3.3 无人机飞行空间太窄，怎么规避撞墙

当我们要在一些比较窄的地方，比如两栋楼房之间、桥梁支架之间或者一座比较窄的桥上飞行无人机时，一般新手如果心理比较紧张，把握不好空间距离感，手一抖，无人机直接撞到墙上的可能性是非常高的。那我们怎么规避撞墙的风险呢？

大疆的无人机有自动避障功能，对于新手来说是一道保险。但如果飞行地的间距比较窄的话，无人机是飞不过去的，这个时候很多新手就会把避障功能关闭，因此容易撞墙。这个时候我们只需把"窄距感知"功能开启就可以了，既安全，撞墙风险也低。

方法很简单，在DJI GO 4 App中打开"遥控器功能设置"界面，点击"遥控器自定义按键"右侧的C1选项，在弹出的列表框中选择"窄距感知（长按）"选项，如图3-3所示。

图3-3 选择"窄距感知（长按）"选项

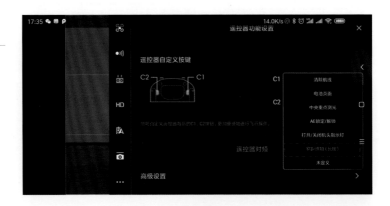

3.4 飞行高度保持在这个距离，才最安全

在空中飞行无人机时，应尽量保持飞行高度在120米以内，因为120米以外的无人机我们是看不清楚的，而且天空中是什么样的情况和环境，我们也不清楚，无人机很容易脱离我们的视线，引发相关的飞行风险。用户可以在App中对飞行高度进行设置，当

3.5　深夜飞行无人机，飞不回来了怎么办

　　如果在深夜飞行时找不到无人机了，也不要紧张，这里教大家找到无人机的方法。在DJI GO 4 App飞行界面的左下角，点击地图预览框，如图3-6所示。

图3-6　点击地图预览框

　　此时，会打开地图界面，可以看到红色飞机图标与起飞点之间的距离，如图3-7所示，将红色飞机图标的箭头方向对准起飞点，然后通过掰动摇杆的方向，将无人机飞回来即可。

图3-7　将红色飞机图标的箭头对准自己的方向

　　💡专家提醒　尽量不要在夜间飞行。虽然无人机在夜间飞行会有一闪一闪的灯，可帮助我们定位无人机在空中的位置，但因为夜间视线受阻严重，光线也不好，我们很难通过监视画面看清楚天空中的情况。而且，夜间因为光线不足，无人机的障碍物检测是失效的，如果这时无人机返航路线中有建筑物，无人机就会有炸机的风险。

3.6　空中飞行遇海鸥袭击无人机，要这样做

　　无人机在空中飞行的时候，如果突然遇到了海鸥，我们通常能先听到海鸥的鸣叫声。这个时候千万不要慌张，海鸥不敢接近无人机的螺旋桨，只敢在无人机的周围飞行，静下心来，慢慢将无人机往高空飞，这样海鸥就不会再追随了。

海鸥袭击无人机，是因为海鸥将低空视为自己的"领土"，将无人机当成了"敌人"，怕无人机抢了它们的食物，或者伤害它们的鸟巢，因此要保护自己的"领土"。所以，我们只要把无人机往高空飞一点，海鸥就不会再袭击无人机了。

3.7　飞行中遭遇大风，飞机要被吹倒了怎么办

在大风天气飞行无人机时，建议点击DJI GO 4 App相机界面左下角地图框中右上角的圆点⊕，打开姿态球。如图3-8所示，姿态球中蓝色与灰色的比例，表示飞机的倾角姿态。推荐大家飞行无人机的最大风速是3级风。笔者实际测试下来，大疆"御"（Mavic）系列的无人机在3级风中也还能稳定悬停。

图3-8　打开姿态球

大风中飞行时，一定要密切监视飞机姿态。如果遭遇5级强风，姿态球倾斜达到极限时，不要慌张，看无人机能否悬停。如果还能悬停，就尽量返航，避免炸机；如果已经无法悬停，那么逆风打杆其实是没有作用的，这个时候要做的就是迅速下降，因为一般低空的风速会低很多。

如果你是逆风飞行，那控制无人机顺风返航还是比较容易的。如果无人机是顺风飞行，返航时无人机无法抵抗逆风的话很有可能被越吹越远。要注意，风向可能会导致无人机飞行到可能遮挡信号和视线的位置，这时可以向和风向相反的方向打杆，让无人机保持在目视范围和信号控制范围内，然后继续控制使无人机下降，时刻观测图传画面和地图的航线，看是否能保持悬停。如果已经能悬停，再往回打杆返航。如果还是不能控制，建议将摄像头垂直90°向下拍摄，抓紧时间寻找降落地点，优先寻找绿地等炸机损失小的地方。

如果你能看到无人机的降落地点并停机，运气还算不错的，要抓紧时间赶过去，避免有人捡走。注意遥控器不要关机，随时查看有无图传，也是寻找无人机的一种方式。如果降落时没有遥控信号就比较麻烦，和丢失图传一样，如果设置为失控悬停，这时应立即赶到降落地点。如果设置为返航，无人机可能会再次被拉升，赶过去途中要尽量在返航线上移动，并随时监测图传有无恢复。

最后再补充一点，遭遇大风已经无法悬停的时候，还可以切换为运动飞行模式，以加大抗风能力。注意，一定是要机头对着风向逆风满杆飞行，这种状态下飞行抗风能力会加大很多，紧急情况下可以尝试，其他情况下不建议使用。

3.8 飞行中GPS信号丢失，怎么飞才安全

当GPS信号丢失或者GPS信号比较弱时，DJI GO 4 App界面左上角会提示用户"GPS信号弱，已自动进入姿态模式，飞行器将不会悬停，请谨慎飞行"。当用户看到此类信息时，无人机已自动切换到姿态模式或视觉定位模式。App界面左上方的状态栏会显示无人机的飞行模式，如图3-9所示。

图3-9　左上方的状态栏会
显示无人机的飞行模式

飞行过程中，当无人机自动进入姿态模式或视觉定位模式后，不要慌张，轻微调整摇杆，以保持无人机稳定飞行，同时尽快将无人机飞出干扰区域，或者在一个相对安全的环境下降落无人机，以免出现炸机。

3.9 图传信号丢失，怎么确保无人机安全

当App上的图传信号丢失时，应第一时间调整天线，看能否重新获得图传信号；并且目视查找无人机，如果无人机目视可见，可以判断无人机的朝向，控制无人机返航。如果无人机目视不可见，很有可能是被建筑物遮挡了，如果是高度上遮挡，可以尝试拉升无人机5秒钟（不可更长时间操作）；如果是方位遮挡，在确认安全的情况下，迅速移动无人机，尝试避开建筑物障碍，以重新获得图传。

如果还是没有图传信号，请检查App上方遥控信号是否存在，然后打开全屏地图，尝试转动方向检查屏幕上无人机图标的朝向是否有变化。如果有变化，说明只是图传丢失，仍然可以通过地图的方位指引无人机返航。

如果尝试了多种办法仍然无效，可依据App中预设的失控设置进行操作。如果设置为返航，可以继续按返航键，然后等待无人机返航。如果设置为悬停，则要迅速赶往无人机最后失去图传信号的地点，很有可能无人机还悬停在空中等待主人。

3.10 遥控器信号中断，应该如何找回无人机

在飞行的过程中，如果遥控器的信号中断了，这个时候千万不要去随意拨动摇杆。先确认一下遥控器的指示灯，如果指示灯显示为红色，则表示遥控器与飞行器之间的信号已中断，这时飞行器会自动返航，用户只需要在原地等待飞行器返回即可，同时调整好遥控器的天线，随时观察遥控器的信号是否与飞行器连接上。

当遥控器与飞行器的信号连接恢复后，应找出信号中断的原因，判断周围环境对飞行器有哪些影响，以免下次再遇到这样的情况。

3.11 无人机在空中失控，完全不听指挥了

无人机在空中失控，具体表现为：在没有任何操作的情况下，无人机突然向一个方向飞去，或者直接升高或下降。

一般人遇到这种情况的第一反应是往相反方向打杆，这是平时的训练就打下的基础。如果你练过姿态模式，可以迅速切换为姿态模式，看无人机是否能停止移动，如果仍在移动，再尝试打杆，挽救机器。

3.12 无人机飞丢了，怎么才能快速找回来

如果用户不知道无人机失联前飞到了哪个位置，可以拨打大疆官方的客服电话，通过客服的帮助寻回无人机。除了寻求客服的帮忙，我们还有什么办法可以寻回无人机呢？下面介绍一种特殊的位置寻回法，具体步骤如下所述。

STEP 01 进入 DJI GO 4 App 主界面，点击右上角的"设置"按钮 ，如图 3-10 所示。

图 3-10 点击"设置"按钮

STEP 02 在弹出的列表框中，点击"找飞机"选项（如图3-11所示），在打开的地图中可以找到飞机的最后位置，用户可以根据地图进行导航寻找无人机。另外，在该列表框中点击"飞行记录"一样也可以查询无人机的飞行记录和最后的坐标。

图3-11 点击"找飞机"选项

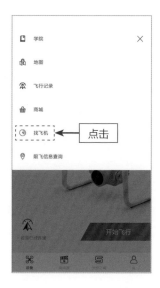

STEP 03 进入个人中心界面，最底下有一个"记录列表"界面，如图3-12所示。

STEP 04 从下往上滑动屏幕，点击最后更新的那条飞行记录，如图3-13所示。

图3-12 找到"记录列表"
（左）

图3-13 点击最后更新的那条记录（右）

STEP 05 在打开的地图界面中，可以查看无人机最后一条飞行记录，如图3-14所示。

STEP 06 将界面最底端的滑块拖曳至右侧，可以查看到飞行器最后时刻的坐标值，如图3-15所示。通过这个坐标值，也可以找到无人机的大概位置。目前大部分无人机的坠机记录点的误差在10米以内。

图3-14　查看最后一条记录（左）

图3-15　查看飞行器最后时刻的坐标值（右）

　　如果在荒郊野外，有时无人机会挂在树上或掉到灌木丛中，就是找不到。到达无人机的大概位置后，如果无人机与遥控器恢复了连接，赶紧在DJI GO 4 App中开启"电调鸣叫"功能（如图3-16所示），这个功能对于寻找飞机很有帮助。

图3-16　开启"电调鸣叫"功能

专家提醒 无人机在飞行的过程中，可能会因为飞得过远受到障碍物的遮挡，或者受到周围环境的影响，导致信号受到干扰，从而引发无人机的失联。这个时候，用户不要紧张，无人机丢失信号后，一般情况下会按照默认设置自动返航。用户前5分钟可以先耐心等候；如果5分钟后无人机还没有返航，用户可以请一位朋友原地等待，自己赶紧赶往失联地点进行搜寻。无人机的返航一般情况下都可以正确执行，但大风情况是个例外。无人机如果无力返航，最后会触发低电量自动降落，遇到这种情况的失联，找到无人机的概率就非常低了。

　　开启"电调鸣叫"功能后，同时还可以通过App打开无人机的机头指示灯，如图3-17所示。打开机头指示灯后，无人机的前臂灯会显示为红色，这样也可以帮助我们快速找到无人机。

图3-17　打开机头指示灯

专家提醒 在飞行无人机的时候，有时会看到无人机的前臂指示灯显示为红灯，这个时候不要慌张，这并不是无人机出现了故障的提示，而是因为用户打开了机头指示灯。如果在App中将机头指示灯功能关闭，无人机的前臂指示灯就不会显示红灯了。

3.13　指南针异常受干扰，安全存在大隐患

　　无人机起飞之前，若指南针受到干扰，DJI GO 4 App左上角的状态栏中会以红色显示指南针异常，如图3-18所示，提示用户移动飞机或校准指南针。这时，按照界面提示重新校准指南针即可，这还是比较容易解决的问题。

图 3-18　显示指南针异常
的信息提示

下面介绍校准指南针的方法。

STEP 01 打开 DJI GO 4 App，进入飞行界面后，如果 IMU 惯性测量单元或指南针
没有正确运行，系统在状态栏中会有相关提示信息，如图 3-19 所示。

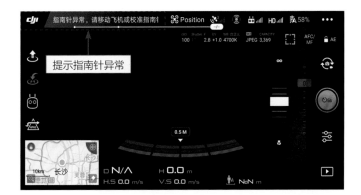

图 3-19　系统在状态栏中
提示指南针异常

STEP 02 点击状态栏中的"指南针异常……"提示信息，进入"飞行器状态列表"界
面。如图 3-20 所示，其中"模块自检"显示为"固件版本已是最新"，表示固件无需升级，
但是下方的指南针选项处显示异常，提示飞行器周围可能有钢铁、磁铁等物质，请用户
将无人机远离有干扰的环境，然后点击右侧的"校准"按钮。

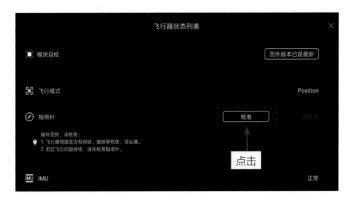

图 3-20　点击右侧的"校
准"按钮

STEP 03 弹出信息提示框，点击"确定"按钮，如图3-21所示。

图3-21　点击"确定"
按钮

STEP 04 进入校准指南针模式，按照界面提示，水平旋转飞行器360°，如图3-22所示。

图3-22　水平旋转飞行器
360°

STEP 05 水平旋转后，继续按照提示竖直旋转飞行器360°，如图3-23所示。

图3-23　竖直旋转飞行器
360°

STEP 06 当用户根据界面提示进行正确操作后，手机屏幕上将弹出提示信息框，提示用户指南针校准成功，点击"确认"按钮，如图3-24所示。

图3-24　点击"确认"按钮

STEP 07 指南针的校准操作已完成，返回"飞行器状态列表"界面，此时"指南针"选项右侧将显示"指南针正常"，下方的"IMU"选项右侧也显示为"正常"，如图3-25所示。

图3-25　完成指南针的校准操作

当用户根据上述界面中的提示进行一系列操作，并对飞行器进行水平和竖直旋转360°后，如果手机屏幕中显示"指南针校准失败"的提示信息（如图3-26所示），这说明用户所在的位置磁场确实过大，对无人机的干扰很严重。请用户带着无人机远离目前所在位置，找一个无干扰的环境，重新校准指南针。

图3-26　弹出"指南针校准失败"的提示信息

当DJI GO 4 App状态栏显示"指南针异常……"的信息时,无人机上会红黄灯交替闪烁。如果我们选择在屋顶起飞,无人机指南针很容易受到干扰。这个时候校准指南针并不是正确的操作,因为屋顶处的磁场和无人机飞出去后天空中的磁场也有差别,校准后反而会出现问题。这种情况建议在平整相机包、木平台上起飞,如果有把握也可以手持无人机起飞。距离地面干扰源一定距离后,指南针就会显示正常。

3.14 返航时电量不足,怎么才能安全收回

很多用户在飞行无人机的时候,没有关注无人机的电量使用情况,当无人机已经提醒需要返航了却还继续拍摄,导致没有留出足够的电量来返航。这个时候该怎么办呢?

此时,用户可以通过无人机先观察一下周围或地面的情况,边返航边降落,直至无人机触发低电量自动降落。当无人机已经降落至视线被遮挡的位置,用户可以推上升杆让无人机继续保持高度甚至略微上升。当无人机电池电量已经低于5%,而无人机距离返航目的地仍有200米以上时,笔者建议不要操控无人机返航,而是尽量俯瞰地形,寻找一个相对安全、有标志性、易于定位的迫降地点,降落无人机。然后再通过App查找无人机定位,结合标志性位置,找到无人机的降落位置,尽快取回无人机,以免被其他人捡走。

第 4 章

熟知：环境也是高频炸机因素

学前提示

无人机的飞行环境很重要，如果飞行区域下方有人员活动，或者飞行环境比较复杂、视线不佳的话，很容易造成无人机炸机。所以，为了规避炸机的风险，要提前熟知无人机不适合在哪些环境中飞行，提前规避这些问题，做到安全飞行。

4.1 不管哪个城市，都不能在这里飞，违法的

机场是飞行无人机的禁区，如果用户不小心将无人机飞到了载人飞机的飞行区域，就会威胁到载人飞机上的乘客安全。无人机在空中飞行的时候，也不能影响航线上正在飞行的大型载人飞机，以免造成安全隐患。

近些年出现了一系列无人机"黑飞"事件，特别是机场，属于"重灾区"，导致多次航班被迫降落、延误。随之，国家也出台了一系列针对无人机等"低慢小"航空器的专项整治措施，对于违法飞行无人机进行严抓严打，情节严重者还可能构成犯罪，依法追究刑事责任。因此，不管在哪一个城市，都不要在机场区域范围内飞行无人机。

4.2 有时无人机在天上乱飞，原来是这个原因

无人机在室外飞行的时候，基本是靠GPS进行卫星定位，然后配合各种传感器从而在空中安全地飞行。但在高楼林立的CBD中，玻璃幕墙会影响无人机对于信号的接收，进而影响空中飞行的稳定性，造成无人机出现乱飞、乱撞的情况。而且这些高楼中覆盖很多的Wi-Fi，对无人机的控制也会造成干扰。

所以，如果一定要拍摄城市建筑或高楼，建议大家尽量找空旷的地方飞行，如图4-1所示，这样既可以拍出城市的高楼建筑风光，也不影响无人机的信号连接。千万不要操控无人机在高楼之间穿梭飞行，实在不安全，且遥控器也经常会提示信号弱。

图4-1 找一处空
旷区域拍摄城市的
高楼建筑

4.3 这个地方会让指南针受干扰，影响稳定性

无人机起飞的时候，如果四周有铁栏杆，也会对无人机的信号和指南针造成干扰，App状态栏中会提示指南针异常。如果在指南针异常的情况下起飞，对无人机的安全有很大的影响。图4-2所示就是有铁栏杆的飞行环境。

图4-2　无人机
起飞点的四周有
铁栏杆

4.4　这样飞，有安全隐患，得不偿失

无人机的飞行要远离人群，不能在人群聚集的地方飞，更不能在人群的头顶上飞行，如图4-3所示。不建议在人群顶上飞，是为了避免造成其他人的损失，因为万一没有掌控好无人机，导致炸机了，无人机从天上摔下来是小事，要是砸到人可就麻烦大了。

图4-3　无人机
不能在人群头顶
上飞行

如果想拍人群比较密集的大场景，体现画面的震撼效果，可是又不能在人群头顶上飞，那应该怎么办呢？这个时候你可以在人群密集区域的边缘以外的位置飞行，如图4-4所示，这样还稍微安全一点。

试想一下，如果无人机突然出现故障，直接掉下来了，如果砸在一片空旷的地方那还好，只是无人机报废，至少人员不会有伤亡；但如果无人机砸到了人，后果会是什么样？想想都害怕，后果很严重。所以，我们要远离人群密集的区域飞行。

图4-4 在人群密集区域的边缘以外的位置飞行

4.5 这里最危险、最容易炸机，离得越远越好

有高压线的地方，最危险、最容易炸机，不适合飞行，如图4-5所示。高压电线对无人机产生的电磁干扰非常严重，而且离电线的距离越近，信号干扰就越大。所以我们在拍摄的时候，尽量不要到有高压线的地方去飞行。更为可怕的是高压线一旦因为无人机撞击而出现线路短路的话，将造成非常严重的影响，相信大家都不想碰上这样的情况吧。

图4-5 电线干扰无人机

如果准备航拍夜景，需要在夜间飞行，建议最好在白天先踩踩点，看看计划飞行的航线中有没有电线干扰，确保无人机的飞行环境安全。

4.6　要小心，这个东西容易让电机和螺旋桨受伤

不能在放风筝的区域飞行无人机，如图4-6所示的环境。因为风筝都有一条长长的风筝线延伸至地面，而当无人机在天上飞的时候，我们通过图传屏幕根本看不清这些线。如果无人机在飞行中碰到了风筝线，那么电机和螺旋桨就有可能被这根线缠住。运气好一点，无人机螺旋桨会切断风筝线，但也会影响无人机在飞行中的稳定性，使无人机无法平衡；运气差的话，电机会被锁死，后果是直接炸机。

图4-6　不能在放风筝的区域飞行无人机

4.7　这样的天气在户外飞无人机，最容易炸机

一般推荐可以放飞无人机的室外风速是3级及以下。笔者也曾尝试过在四五级大风中飞行，但操控返航极其困难。如果室外的风速达5级以上，陆地上的小草和树木会摇摆，这个时候无人机在大风中飞行十分困难，很容易被风吹走，这样的恶劣天气，是不适合无人机飞行的。

除了上面所说的5级以上大风的天气不能飞，像大雨、大雪、雷电、有雾的天气，也不能飞。大雨容易把飞机淋湿；在雨雪天气飞行时，无人机会遇到一定的阻力；雷电天气容易炸机；有雾的天气视线不好，拍出来的片子也不理想，湿度大的雾气也一样会打湿无人机。但是在雪天，如果雪停了，并且没那么冷的话，可以把无人机飞出去看看雪景，也是非常美的，如图4-7所示。

🔶专家提醒　无人机的电池对环境气候比较敏感，容易受环境温度的影响。当用户在海拔6000米以上的区域飞行时，空气稀薄会导致无人机的电池及动力系统性能下降，致使无人机不受控制，这个时候最容易炸机。因此，地处海拔6000米以上时，不建议飞行无人机。

图4-7 雪停了可以飞出
去拍一拍

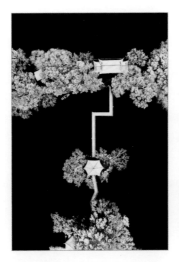

4.8　在室内飞主要靠姿态模式，无人机不稳定

　　在室内飞行无人机，得要一定的水平，因为室内基本没有GPS信号，无人机得依靠光线进行视觉定位，采用姿态飞行模式。室内飞行时偶尔会有不稳定感，稍有不慎就有可能出现无人机飘浮而撞到物体的情况。所以，不建议用户在室内飞行。

4.9　哪些区域才真正适合无人机安全飞行

　　前面介绍了许多无人机不适合的飞行环境，下面主要介绍适合无人机飞行的环境，即乡村、山区等，并介绍了相关环境下飞行时的注意事项，希望大家熟练掌握。

1. 乡村地区

　　乡村的环境非常好，不仅安静，人也没有城市里那么多，相对来说飞行无人机的安全系数会高很多。但在乡村的上空中，电线和电话线会比较多，这一点需要用户特别注意。一定要到远离电线杆的区域飞行，以免无人机的信号受到干扰，导致炸机的后果。在乡村飞行，最好选择一大片空旷的地方，这样的地方不仅人少、房子少、树木少，天上的电线也少，检查了四周的环境后，确定安全了再起飞，如图4-8所示。

　　刚开始飞行无人机时，如果条件允许，尽量带一个朋友出行。朋友会是一个很好的"观察员"，他能帮你观察飞机在天空中的位置，以及周围的飞行环境是否安全等。这个"观察员"能在很大程度上消除你心里的紧张和担心，提高无人机飞行的安全性，使你更加放心地练习各种飞行动作。当你专心地看着手机屏幕飞行的时候，如果空中或四周突然出现危险的障碍物，这个"观察员"也会及时提醒你，能给你带来很大的帮助。

图4-8　乡村地区

　　当我们清晨起来练习飞无人机时，围绕着乡村的晨雾也能很好地点缀画面，使乡村给人的感觉像在仙境一样，朦朦胧胧的效果极美，如图4-9所示。

图4-9　晨雾中的乡村效果

2. 山区

　　山区的风景是非常美的，如果无人机运用得好，能拍出很多震撼的场景，获得惊人的视觉效果。图4-10所示就是在山区拍摄的高山美景，延绵起伏的山脉给人的感觉非常舒适。

　　🔆专家提醒　在山区飞行无人机时，建议带一块平整的板子，让无人机在板子上起飞，这样可以保证无人机的安全。因为山区的碎石和沙尘比较多，如果直接从地面上起飞，会对无人机造成磨损。

图4-10 山区拍摄的
美景

在山区飞行无人机时，有4个非常重要的要点需要掌握。

（1）注意人身安全

在山区航拍照片的时候，一定要注意安全。首先就是人身安全，每走一步都要小心，飞行无人机的时候尽量不要随意走动，走动的时候一定要看路，千万不能眼睛看着手机屏幕，而脚在走路，这样是非常不安全的，要是一不小心脚踏空了，人就摔倒了。如果是不小心摔在地上，那还好，可能只会破些皮；如果是摔下了悬崖，那就会有生命危险。

（2）注意GPS信号的稳定性

一般情况下，山顶的GPS信号还是比较稳定的，而如果无人机在山谷中起飞，就容易出现GPS信号差，定位困难的情况。所以，在选择无人机的起飞点时，可以向上看看天空，当天空被山体、建筑物或树木等遮挡的比例超过40%，就会影响GPS卫星定位信号的稳定性；当遮挡物超过50%，GPS信号就比较难锁定了。

（3）注意天气情况

山区的天气是不太稳定的，环境气候比较独特，而且气流也比较大，上升、下降的气流混在一起，如果这时候无人机在空中飞行，就会摇摇晃晃，很难拍出画面稳定的照片。用户可以试想一下，我们在搭乘民航飞机的时候，飞机在空中飞行，如果遇到了强大的气流，都可能使飞机摇摇晃晃，更何况是那么小的无人机，安全性更需要特别注意。

另外，山区的天气变化多端，时而下雨，时而下雪，还有可能下冰雹，这些恶劣的天气对无人机的飞行都会造成威胁，所以用户需要时刻注意天气情况。

（4）拍摄器材准备充分

我们爬到那么高的山上，拍摄山区的美景，需要一定的体力和时间，如果爬到山顶后，发现某些器材和设备没带，比如内存卡、电池等，那就非常悲催了。所以上山之前，就要检查好必备的摄影器材是否已准备充分，比如内存卡的容量够不够，要不要多带几张；电池充满电了没有；充电宝有没有带上等。只有准备充分，才不会浪费宝贵的时间。

3. 江、河、湖、海

　　水，给人一种非常清澈、干净的感觉。在一幅航拍摄影作品中，如果画面中有水景，是非常吸引人的。使用无人机沿水面飞行，可以拍摄出绝美的水上风光效果，这些美景都非常吸引人，如图4-11所示。

图4-11　水面航拍的风光效果

　　日落黄昏时，也可以通过水面拍摄出夕阳的倒影效果。夕阳倒映在水面上，有一种天地合一的感觉，给人带来安详、宁静的感觉，如图4-12所示。

图4-12　拍摄出山脉的倒影效果

　　虽然利用水面能拍出很多美丽的大片，但我们还是要多了解水面拍摄的缺点与劣势，这样能帮助我们更安全地飞行。使用无人机沿着水面飞行的时候，无人机的气压计会受到干扰，无法精确定位无人机的高度，因而经常会出现掉高现象（掉高是指无人机不受控制地降低高度）。无人机越飞越低，如果不控制无人机的高度，一不小心就会开到水里面去了，所以一定要让无人机在你的可视范围内，这样才能规避飞行风险。

海边是很多人向往的地方，水清沙幼，所以很多海景照片也非常有吸引力。用无人机以"上帝视角"来捕捉，也可以拍出海边的美景，给人一种舒适惬意感，如图4-13所示。笔者也很喜欢拍摄海岸风光片。

图4-13　航拍的海边风景

💡专家提醒　一般情况下，不建议用户贴近水面进行拍摄，这样会给无人机飞行带来安全隐患。如果一定要在水面飞行，建议飞得高一点。

4. 景区

景区的风景也是非常美的，空气也很新鲜，非常适合外拍取景。如图4-14所示的景区中修建了许多水上小径，弯弯曲曲，线条非常美，可以使用无人机垂直90°俯拍。

图4-14　景区航拍

　　在景区中航拍时一定要注意，你所在的景区是不是国家的重点保护区？能不能进行无人机航拍？如果你没有得到允许就在该景区内飞行无人机，有可能会违反相关的法律条款。在大多数国家的自然保护区内，飞行无人机都是非法的。

　　另外，在节假日的时候，因为景区里面的游客非常多，建议用户不要去景区航拍，以避免造成人身损失。

5. 城市上空

　　城市属于人口非常密集的区域，现在很多城市都是全城禁飞的，比如北京、成都和重庆等。如果用户想在城市上空飞行，一定要获得管理部门的拍摄许可。不要以为你可以在街道中随意起飞，这种想法是错误的。如果你没有得到相关部门的许可就随意起飞了，那么警察可能会过来带走你或你的无人机。

　　在城市上空拍摄时，一定要与地面保持一定的距离，要远离街道和人群，这样才能提高飞行的安全性，如图4-15所示。

图4-15　在城市上空航拍

　　在城市上空飞行航拍之前，一定要先咨询相关的管理部门，得到许可后方能起飞。最好在大疆的官网上查一查你所要航拍的地点，是否属于禁飞区域。

　　采用横幅全景的方式来拍摄城市地标性建筑的全景，也能很好地体现出画面的宏伟、大气，如图4-16所示。

图4-16 采用横幅全景的方式来拍摄城市地标性建筑的全景

第 5 章

分析：无人机飞行过程中的炸机因素

学前提示

在无人机的圈子里，大家常说的"炸机"，并不是无人机在天空中爆炸了，而是指无人机因为操作不当或飞行不当等原因，导致坠毁、掉落、撞坏了。"炸机"并不可怕，新手在飞行的时候也不要有太大的心理压力与阴影。但我们要对炸机的因素进行分析，找出原因，这样才能安全地飞好无人机。

5.1　无人机起飞时向一边倾斜，直接就侧翻了

出现这种情况，首先要检查无人机桨叶的安装顺序是否正确；然后检查螺旋桨有没有拧紧，是不是因为松了，所以桨叶不受力；或者桨叶掉落，导致无人机向一边倾斜。

无人机在起飞的过程中，会加快电机的运转速度，此时螺旋桨的桨叶会快速转动，声音也会很大，在离地的时候会吹起地面的灰尘与沙石。这个时候如果新手太紧张，没有把握好摇杆的力度，也会导致机身不稳，出现侧翻。在机身不稳的情况下，如果飞行方向也没有掌握好，那么就有可能直接撞墙上了。

还有一种情况，就是无人机没有放置在水平面上起飞。无人机在离地前，飞控系统还没有开始控制无人机的平衡性，所以无人机起飞离地的时候，其机身也是倾斜的，而此时飞控系统为了纠正无人机飞行的平衡性，会干预飞行的姿态，这个时候如果新手遥控操作不当，也会很容易导致无人机侧翻。

解决方案：起飞的时候，不要紧张；推摇杆的时候要干净利落，匀速起飞，保持机身的稳定性，让无人机迅速离地；起飞后再收摇杆，控制好飞行高度和方向。

5.2　无人机起飞离地时，在上升中晃动很厉害

无人机在刚刚起飞的时候，会产生一定的晃动，这是很正常的现象。起飞时只要控制好油门与方向，匀速推油门，适当修正飞行姿态，就能使无人机慢慢平衡下来。只要无人机在上升过程中不再继续晃动，就不会有大问题。

但如果是因为高空中风速很大，使无人机产生晃动，那就要视情况而定。如果风速超过5级，建议不要飞行无人机，因为无人机在空中受风力影响会使机身不稳定，不仅容易炸机，还很容易被风吹走，而且逆风飞行也会提高电池的放电速度，各种阻力都比较大，不是有利的飞行环境。

5.3　无人机起飞后迅速向一边飞去，直接炸机

无人机起飞后，迅速向一边飞去，这种情况通常是无人机失控了。这种情况可能是由以下3种原因造成的。

（1）**摇杆中立位置发生偏移现象**。起飞前，把摇杆装在遥控器上的时候，摇杆的位置没有调整好，使摇杆发生了偏移现象。

（2）**无人机设备或机身有损伤**。如果无人机的桨叶没有安装正确，飞控设置、飞控装置有问题，或者机身由于某种原因出现损伤，也会导致无人机在空中失控而向一边飞去。

（3）**别人使用过无人机，更换了飞控模式**。如果你自己是"美国手"的操控方式，而你将无人机借给朋友玩，这位朋友却是"日本手"的操控方式，那你拿回无人机的时候，在飞行前一定要将飞控模式更换过来，并且检查其他的飞行参数，看是否符合自己的飞

行习惯，否则会存在很大的飞行安全隐患。以"美国手"去操控"日本手"的飞行模式，是很容易炸机的，首先功能和方向就不正确，那么在起飞的时候就很容易炸机。

针对以上3种原因，解决方案如下。

（1）尽量不要将无人机外借，以免产生不必要的麻烦。如果无人机外借了，拿回来的时候一定要检查飞行模式与各项飞控参数，看看是否符合自己的飞行习惯。

（2）飞行前一定要检查无人机设备是否有损伤，各配件是否完好，这是安全飞行的基础。

（3）养成良好的飞行习惯，安全保管好遥控器。

（4）飞行前，检查遥控器的摇杆中位是否准确，以免发生中位偏移的现象。

5.4　无人机无故掉高，推摇杆也没用，最后炸机

"掉高"的意思是指无人机不受控地降低高度。无人机在飞行过程中无故掉高，出现这种情况的主要原因是电池的动力不足。在飞行无人机的过程中，电量的掌控非常重要，我们要随时关注无人机的用电情况。以大疆的"御"Mavic 2为例，一般情况下，一块电池可以使用30分钟左右。如果只用了10多分钟电池就没电了，我们就要分析一下电池放电快的原因，是天气太冷？还是风力太大？或是其他什么原因？合理使用电池电量，才能安排好飞行的时间与计划。

另外，如果电池是好的，质量没有问题，那可能是无人机在天空中受气流的影响，出现了掉高的现象。这种情况一般在地形比较复杂的时候会出现，如楼宇间、山谷间等，在这种情况下飞行的时候，我们要时刻关注无人机的飞行姿态，调整好飞行的速度，缓慢飞行。

针对以上两种原因，解决方案如下所述。

（1）要正确使用电池，并且保管好电池。具体的使用方法参见2.10节，这里不再赘述。

（2）在飞行的前一天，检查好电量，并充好电。如果是一周前充的电，过了一周才飞行，这时候电池肯定已经被放掉了一部分电量。如果不是满格电量飞行的话，无人机在空中就飞不了多久，因为还要留出30%的电量供无人机返航。

（3）在一些地形比较复杂的区域飞行无人机的时候，如果空中的气流不太平稳，应尽量将无人机飞行至气流平稳的区域。

5.5　无人机有时飞到树上或者楼后，就失控了

无人机与遥控器的最远距离，不仅与无人机的性能有关，与飞行环境也有很大的关系。以"御"Mavic 2为例，这款机型的发射功率有2.4 GHz和5.8 GHz两种类型。如果飞行环境中磁场强，那么很容易影响无人机飞行的稳定性。

比如，用户在一些容易影响卫星信号的环境下飞行（如有高大建筑物、高压线、高压输电站、移动电话基站或桥洞等设施的区域），会导致卫星无法定位，就容易使无人机

失控、自动飘浮，致使意外事故的发生。无人机在空中失控是很危险的一件事，所以我们要让无人机尽量在可视范围内飞行，时刻注意App界面上的飞行提示与警告信息。

解决方案： 尽量不要在遮挡视线的地方飞行无人机，也不要在高楼之间穿梭飞行，这样都很容易导致无人机在空中失控。

5.6 打错无人机的方向摇杆，最后炸机

无人机在空中飞行的时候，新手通过目测，一般很难分清楚无人机的头、尾方向，导致要向左飞的时候，反而打向右飞行的摇杆，造成了相反方向的飞行。如果用户正好是在修正飞行姿态，此时方向摇杆打错的话，很容易导致无人机侧翻，这种情况是很危险的。

当我们分不清方向的时候，可以通过以下两种方法解决。

（1）通过App的图传画面，判断无人机的前方是哪个方向，然后正确打杆，飞回来。

（2）可以在无人机的机臂上安装辨识标识，这样就很容易分清无人机的头、尾方向了。

5.7 剩余电量飞不回起飞点，导致因没电而炸机

很多刚玩无人机的新手在飞行无人机的时候，会有一种错觉：明明感觉刚起飞不久，怎么就提示没电了。这是因为没有控制好无人机的飞行时间，自己在感知上产生了错觉。更要注意的是如果在高海拔或寒冷的地区飞行无人机，电池的放电速度会比平常快很多。

解决方案如下所述。

（1）在App中开启低电量的报警信息。一般设置为25%～30%，当电池电量只剩余这么多时，App中会自动报警，提示用户剩余电量不足。

（2）在App中，还要开启"低电量智能返航"功能。当电量过低时，无人机将自动返航至起飞点，这样也不至于炸机。具体的设置方法参见2.10节的相关介绍。

（3）平常多练习无人机的基本飞行姿势，感受无人机的飞行时间长短，这样可以帮助自己更好地控制无人机的飞行时间；尽量减少在空中的无谓飞行，以避免耗时耗电。

5.8 无人机在下降中突然剧烈晃动，导致侧翻炸机

无人机在下降的过程中，突然发生剧烈的晃动，出现这种情况的原因主要有以下两点。

（1）气流不稳，造成无人机晃动。无人机下降时，由于地理环境比较复杂，可能会产生一定的气流，如果气流不稳，就容易造成无人机的侧翻。起飞相对下降来说容易一点，气流的影响也相对小一些。

（2）下降时摇杆操控过大，速度太快。下降无人机的时候，给摇杆操控太过用力，导致无人机下降过快，突然收回摇杆就会造成螺旋桨转速降低，动力减少，桨叶无法及

时达到平衡，这也会使无人机产生晃动的现象。

出现以上两种情况时，解决方案如下所述。

（1）尽量选择空旷、平坦的地方下降无人机，给无人机提供一个安全的降落环境。在空旷的地方降落时，气流相对也小一点，无人机的稳定性相应地也会高很多。

（2）下降操控的时候，尽量缓一点、慢一点，不要太过用力，也不要突然收摇杆，任何操作都尽量慢慢来，以保持无人机的平衡性与稳定性。

飞行进阶篇

第 6 章

掌握: 小小App决定大飞行

学前提示

　　要想飞行无人机，需要安装大疆的 DJI GO 4 App。这个 App 主要是用来控制无人机的飞行与拍摄功能的。初次使用 DJI GO 4 App 的用户，一定要先掌握它的重要功能，然后再飞行无人机。本章详细介绍了 DJI GO 4 App 的飞行界面、参数设置技巧、拍摄功能设置技巧等，还讲解了如何使用自带编辑器编辑、剪辑视频，请读者仔细阅读。

6.1 安装并登录DJI GO 4 App，飞行必备App

　　大疆"御"Mavic 2专业版无人机需要安装DJI GO 4 App，结合该App才能使飞行器正确地飞行。本节主要介绍安装、注册并登录DJI GO 4 App的操作方法。

1. 安装DJI GO 4 App

　　在手机的应用商店中即可下载DJI GO 4 App。进入手机的应用商店，找到界面上方的搜索栏，输入需要搜索的应用名称"DJI GO 4"，点击搜索到的DJI GO 4 App，如图6-1所示；点击"安装"按钮，开始安装DJI GO 4 App，界面下方显示安装进度，如图6-2所示；待DJI GO 4 App安装完成后，点击界面下方的"打开"按钮，如图6-3所示，即可打开DJI GO 4 App。

图6-1　搜索App　　　　　图6-2　安装App　　　　　图6-3　打开App

2. 注册并登录DJI GO 4 App

　　当用户在手机中安装好DJI GO 4 App后，接下来需要注册并登录DJI GO 4 App，这样才能在DJI GO 4 App中拥有属于自己的账号。该账号中会显示自己的用户名、作品数、粉丝数、关注数以及收藏数等信息。

　　进入DJI GO 4 App工作界面，点击左下方的"注册"按钮，如图6-4所示；进入"注册"界面，在上方文本框第一行输入手机号码，点击"获取验证码"按钮，官方会将验证码发送到该手机号码上，然后在文本框第二行中输入验证码，如图6-5所示；信息输入完成后，点击"确认"按钮，进入"设置新密码"界面，在其中输入希望设置的账号密码，并重复输入一次密码，点击"注册"按钮，如图6-6所示。

　　接下来进入"完善信息"界面，在其中设置用户信息后，点击"完成"按钮，如图6-7所示；完成账号信息的填写后，进入"设备"界面，点击"御"Mavic 2设备，如图6-8所示；进入"御"Mavic 2界面，即可完成App的注册与登录操作，如图6-9所示。

图6-4 点击"注册"

图6-5 输入验证码

图6-6 点击"注册"

图6-7 点击"完成"

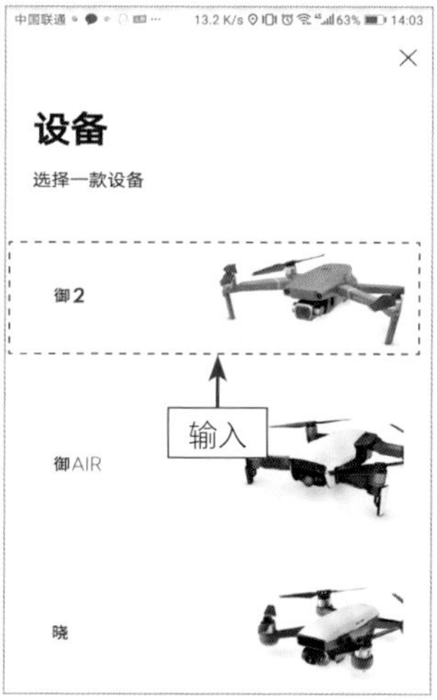

图6-8 点击"御"Mavic 2设备

图6-9 完成登录操作

6.2 连接无人机设备，这样才能正常飞行

当用户注册与登录DJI GO 4 App后，需要将App与无人机设备进行正确连接，这样才可以通过DJI GO 4 App对无人机进行飞行控制。下面介绍连接无人机设备的操作方法。

STEP 01 进入DJI GO 4 App主界面，点击"进入设备"按钮，如图6-10所示。

STEP 02 进入"选择下一步操作"界面，点击"连接飞行器"按钮，如图6-11所示。

STEP 03 进入"展开机臂和安装电池"界面，根据界面提示，展开无人机的前机臂和后机臂，然后将电池放入电池仓。操作完成后，点击屏幕中的"下一步"按钮，如图6-12所示。

STEP 04 进入"开启飞行器和遥控器"界面，根据界面提示，开启飞行器和遥控器。操作完成后，点击"下一步"按钮，如图6-13所示。

图6-10　点击"进入设备"按钮（左）

图6-11　点击"连接飞行器"按钮（右）

图6-12　展开机臂和安装电池后，点击下一步（左）

图6-13　开启飞行器和遥控器后，点击下一步（右）

STEP 05 进入"连接遥控器和移动设备"界面，通过遥控器上的转接线，将手机与遥控器正确连接，并固定好，如图6-14所示。

STEP 06 此时，屏幕界面上会弹出提示信息框，提示用户是否连接此设备，点击"确定"按钮，如图6-15所示。

STEP 07 稍后，屏幕界面中提示设备已经连接成功，点击"完成"按钮，如图6-16所示。

STEP 08 返回DJI GO 4 App主界面，左下角提示设备已经连接，如图6-17所示。如果用户想带着无人机飞出去体验一下，点击"开始飞行"按钮，即可进入DJI GO 4 App飞行界面。

图6-14 连接遥控器和手机（左）

图6-15 点击"确定"按钮以确认与手机相连接（右）

图6-16 连接成功后点击"完成"按钮（左）

图6-17 提示设备已经连接（右）

6.3 认识DJI GO 4 App主界面，熟悉各项功能

本节就来熟悉一下App主界面上的各功能，这些功能对于飞行和后期都非常有帮助。下面介绍连接之前与连接之后的界面对比。

如果无人机设备与手机还未正确连接，则会显示如图6-18所示的界面。待设备与手机正确连接后，界面中会提示设备已连接成功，如图6-19所示。连接成功后点击右上角的"设置"按钮 ≡，将会弹出相应的选项，在其中可以查看地图、查看飞行记录或者找飞机等，如图6-20所示。

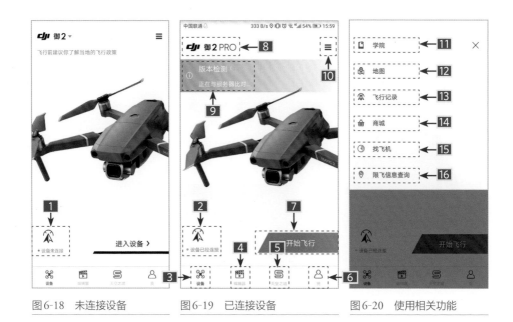

图 6-18　未连接设备　　　　图 6-19　已连接设备　　　　图 6-20　使用相关功能

在DJI GO 4 App主界面中，各主要选项含义如下所述。

1 设备未连接：表示手机与无人机设备没有正确连接，需要检查接口是否接紧。

2 设备已经连接：表示手机与无人机设备已经成功连接了。

3 设备：在该选项卡中，可以更换无人机设备，将手机与其他无人机设备进行连接。

4 编辑器：可以对无人机中拍摄的作品进行后期剪辑或合成等操作，如图6-21所示。

5 天空之城：在该选项卡中，可以看到其他网友发布的航拍作品，如图6-22所示。

图 6-21　"编辑器"选项卡
（左）

图 6-22　"天空之城"选项卡
（右）

6　我：在该选项卡中，可以查看账号的相关信息，如作品数、粉丝数、关注数等。

7　开始飞行：点击该按钮，可以进入 DJI GO 4 App 的相机界面，开始飞行无人机。

8　"御" Mavic 2 PRO：显示了用户的无人机设备名称。

9　版本检测：自动检测系统版本是否需要升级。

10　"设置"按钮：点击该按钮，弹出列表框，如图6-20所示。

11　学院：选择该选项，可以进入"学院"界面，其中有许多飞行知识和技巧供大家学习，还有飞行模拟练习，如图6-23所示。

图6-23　"学院"界面各种知识点

12　地图：选择该选项，可以下载离线地图，在没有网络的情况下，可以当普通地图使用，但不能提供卫星地图。

13　飞行记录：选择该选项，可以查看自己的飞行记录，比如飞行总时间、飞行总距离、飞行次数等。

14　商城：选择该选项，可以打开浏览器进入大疆商城，在其中可以购买大疆的产品，如相机设备、无人机设备等。

15　找飞机：选择该选项，可以根据无人机最后的飞行位置，找到丢失的无人机，很多大疆用户都是通过这种方法找到丢失的无人机的。

16　限飞信息查询：选择该选项，可以查询无人机限飞的区域。

6.4　认识DJI GO 4 App相机界面，掌握飞行操作

将无人机与手机连接成功后，接下来进入相机界面。了解 DJI GO 4 App 相机界面中的各按钮和图标的功能，可以帮助我们更好地掌握无人机的飞行技巧。在 DJI GO 4 App 主界面中，点击"开始飞行"按钮，即可进入相机界面，如图6-24所示。

图6-24 相机界面

下面详细介绍相机界面中各按钮的含义及功能。

1 主界面 **DJI**：点击该图标，将返回DJI GO 4 App的主界面。

2 飞行器状态提示栏 飞行中（GPS）：在该状态栏中，显示了飞行器的飞行状态。如果无人机处于飞行中，则提示信息为"飞行中"。

3 飞行模式 **Position**：显示了当前的飞行模式，点击该图标，将进入"飞控参数设置"界面，在其中可以设置飞行器的返航点、返航高度以及新手模式等。

4 GPS状态 ：该图标用于显示GPS信号的强弱。如果只有一格信号，则说明当前GPS信号非常弱，如果强制起飞，会有炸机或丢机的风险；如果显示五格信号，则说明当前GPS信号非常强，用户可以放心在室外起飞无人机设备。

5 障碍物感知功能状态 ：该图标用于显示当前飞行器的障碍物感知功能是否能正常工作。点击该图标，将进入"感知设置"界面，可以设置无人机的感知系统以及辅助照明等。

6 遥控链路信号质量 ：该图标显示遥控器与飞行器之间的遥控信号的质量。如果只有一格信号，说明当前信号非常弱；如果显示五格信号，则说明当前信号非常强。点击该图标，可以进入"遥控器功能设置"界面。

7 高清图传链路信号质量 **HD**：该图标显示飞行器与遥控器之间高清图传链路信号的质量。如果信号质量高，则图传画面稳定、清晰；如果信号质量差，则可能会中断手机屏幕上的图传画面信息。点击该图标，可以进入"图传设置"界面。

8 电池设置 70%：可以实时显示当前无人机设备电池的剩余电量。如果飞行器出现放电短路、温度过高、温度过低或者电芯异常，界面亦会给出相应提示。点击该图标，可以进入"智能电池信息"界面。

9 通用设置 ：点击该按钮，可以进入"通用设置"界面，可以设置飞行参数、直播平台以及航线操作等。

⑩ 自动曝光锁定 🔒AE：点击该按钮，可以锁定当前的曝光值。

⑪ 拍照/录像切换按钮 🔄：点击该按钮，可以在拍照与拍视频之间进行切换。当用户点击该按钮后，将切换至拍视频界面，按钮也会发生相应变化，变成录像机的按钮 🔄。

⑫ 拍照/录像按钮 ⚪：点击该按钮，可以开始拍摄照片，或者开始录制视频画面；再次点击该按钮，将停止视频的录制操作。

⑬ 拍照参数设置 📊：点击该按钮，在弹出的面板中，可以为拍照与录像设置各项参数。

⑭ 素材回放 ▶：点击该按钮，可以回看自己已拍摄的照片和视频文件，实时查看素材拍摄的效果是否满意。

⑮ 相机参数 100 1/400 5.6 -1.3 5600K：显示当前相机的拍照/录像参数，以及剩余的可拍摄容量。

⑯ 对焦/测光切换按钮 🔲：点击该图标，可以切换对焦和测光的模式。

⑰ 飞行地图与状态 📡：该图标显示了当前飞行器的姿态、飞行方向以及雷达功能。点击地图图标，即可放大地图显示，查看飞行器目前的具体位置。

⑱ 自动起飞/降落 🛬：点击该按钮，可以使用无人机的自动起飞或自动降落功能。

⑲ 智能返航 🛫：点击该按钮，可以使用无人机的智能返航功能，帮助用户一键返航无人机。这里需要注意，当使用一键返航功能时，一定要先更新返航点，以避免无人机飞到了其他地方，而不是用户当前所站的位置。

⑳ 智能飞行 🤖：点击该按钮，可以使用无人机的智能飞行功能，如兴趣点环绕、一键短片、延时摄影、智能跟随以及指点飞行等模式。

㉑ 避障功能 ⚠：点击该按钮，将弹出"安全警告"提示信息，提示用户在使用遥控器控制飞行器向前或向后飞行时，将自动绕开障碍物。

6.5　掌握App参数设置技巧，让飞行事半功倍

DJI GO 4 App有很多参数设置，本书将介绍与飞行安全相关的软件设置技巧，以帮助大家更好、更安全地飞行。更详细的内容和解释，请大家务必阅读大疆官方的说明书。

1. 飞控参数设置 / 返航点设置

起飞时或飞行过程中，GPS首次达到四格及以上信号时，将记录飞行器当前位置为返航点。但如果我们在移动物体（如车、船）上起飞的话，拍摄完成后用户早就离开了无人机原始返航点，这时候使用"自动返航"功能，无人机会飞去原始返航点，就会出现无人机丢失的风险。

这个时候，就要点击"通用设置"按钮 •••，进入"飞控参数设置"界面，在其中点击"返航点设置"右侧的第2个图标 🏠，如图6-25所示，以当前用户手机所在的地理位置为返航点，无人机在遥控器连线的情况下，就可以获知用户当前所在的位置，进行正确返航。

图6-25 点击"返航点设置"右侧的第2个图标

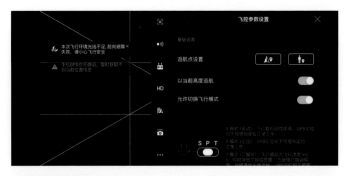

2. 飞控参数设置 / 以当前高度返航

"飞控参数设置"界面中有一个"以当前高度返航"的功能,如图6-26所示。这个设置容易让用户误解,根据大疆的官方说明书解释,返航距离大于20米时,如果无人机高度高于返航高度,打开此选项后,无人机返航时会以当前高度返航;如果无人机高度没有达到返航高度,则会先上升至返航高度再返航,而非以当前高度返航。

简而言之,打开"以当前高度返航"功能后,无人机在当前高度和返航高度两者间取最大值高度进行返航。

图6-26 "以当前高度返航"功能

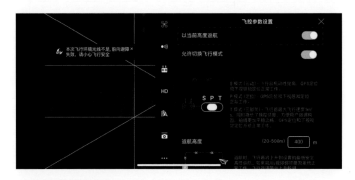

3. 飞控参数设置 / 允许切换飞行模式

在"飞控参数设置"界面中,默认的飞行模式为P模式。点击"允许切换飞行模式"右侧的开关按钮,如图6-26所示,即可在3种模式之间进行切换。S模式为运动模式,无人机的速度可以加快,极限情况下可以获得最大速度,可以追拍汽车,也可以在大风情况下获得最大推力。T模式为三脚架模式,此模式在近距离或室内航拍时非常有用,可以让无人机尽可能降低机动速度,从而获得更加稳定的画面。

大疆"御"Mavic 2无人机不能自主进入姿态模式。目前笔者知道的是,在山谷内飞行"御"Mavic 2出现无GPS定位与视觉定位的话,会自动进入姿态模式。切换为姿态模式时,GPS和指南针模块不再参与工作。如果有风或其他原因对飞行器有干扰的话,飞行器是无法保持悬停状态的,因此需要谨慎操作。

4. 飞控参数设置 / 返航高度

设置无人机的返航高度,数值范围在20米~500米。当用户选择无人机自动返航或者无人机失控触发返航后，如果无人机距离返航点大于20米，无人机就会按设置的返航高度进行返航，到达返航点上方后，垂直下降直至降落；若当前高度大于返航高度，则以当前高度返航。

　　建议把返航高度修改得数值大一点，正常来说超过当地一般的建筑物高度即可，这里笔者设置返航高度为400米，高于上海的常规建筑。这样无人机返航不会遇到障碍物，用户也不用每次飞行校核修改返航高度。另外，建议大家少使用"自动返航"功能，返航时一旦发生高度不足、上方有障碍物等问题，就很容易炸机。作为航拍新手，刚开始的每一次飞行都是练习，请珍惜每次飞行练习的机会。

5. 飞控参数设置／新手模式

　　点击"通用设置"图标●●●，进入"飞控参数设置"界面，打开"新手模式"功能，如图6-27所示。

图6-27　打开"新手模式"功能

　　"新手模式"会限制无人机飞行的高度和距离。建议新手第一次启动无人机时，直接设置为"新手模式"。在该模式下，飞行器只能在返航点30米半径范围内飞行。等自己熟练一点了，可以将参数设置得大一点，不过还是限制飞行范围会安全一点。

　　按照目前国家针对无人机的管理规定，在视距范围内飞行无需证照，这里视距范围就是指500米距离、120米高度的范围。一般大家可以将飞行范围直接设置在这视距范围内。如果你有足够的能力去操控无人机，根据飞行拍摄需求可临时再加大一点飞行范围。

6. 飞控参数设置／高级设置／操控手感设置、影像模式

　　进入"飞控参数设置"界面，在屏幕下方打开"高级设置"界面，在其中用户可以自行调整操控手感设置和影像模式。根据操控曲线可以提高或降低摇杆的起始敏锐程度，如图6-28所示。不过，笔者不建议用户调整，大疆默认的设置已经做了很好的平衡，更加重要的是，经过训练后用户可以适应默认设置，不管拿到大疆什么机型都可以很好地适应。

7. 飞控参数设置／高级设置／失控行为

　　"失控行为"是指无人机和遥控器失去信号后，无人机自主发起的具体行为，这里有3个选项可供选择：返航、降落和悬停，如图6-29所示。

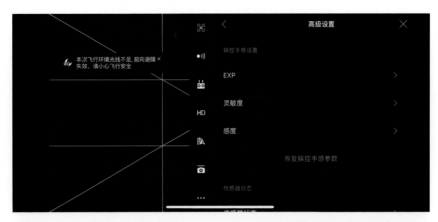

图6-28 操控手感设置

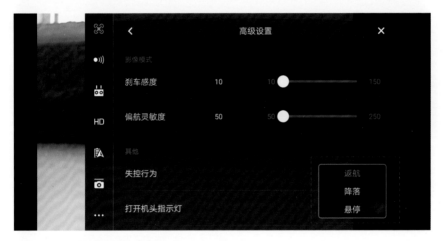

图6-29 "失控行为"的3个选项

"降落"肯定是不行的,谁知道无人机下方是什么情况,如果是水面或人群,该怎么办?所以,大家可以在"返航"和"悬停"中选择一个。如果是在室内飞行、飞得不远或飞行环境复杂的情况下,笔者建议选择悬停,发生状况后无人机悬停是最佳的方案。因为距离近,马上可以调整遥控器位置,或者改变自己的位置去重新获得遥控信号。如果仍然有问题,直接快速赶到无人机位置也来得及。

如果飞得距离远,甚至是跨山、跨河,那就建议返航,在发现失控后第一时间返航。笔者非常不建议大家通过关闭遥控器来获取返航。返航属于无人机自动驾驶,对很多状况无法响应,关闭遥控器后,就只能听天由命了。

8. 飞控参数设置 / 高级设置 / 打开机头指示灯

打开"打开机头指示灯"功能后,可以打开机头红色的指示灯,如图6-30所示,便于用户在夜间找到无人机,并远距离知道无人机是否是朝向用户飞行。

图6-30　打开"打开机头指示灯"功能

9．飞控参数设置／高级设置／电机紧急停机方式

用户可以设置电机紧急停机方式为内外八停机，或者仅故障时允许停机，如图6-30所示。大疆以前只支持内外八停机，即用户在发现无人机失控不听指挥的情况下，在有可能发生撞人等事故前，可以执行掰杆停机动作（下拉遥杆，内八或外八）。这时，无人机将直接从空中掉落，从而跌落在无人区域，最大限度降低人员伤害。不过，笔者不建议新用户修改设置，也不建议去强行停机。

10．感知设置／启用视觉避障功能

"御"Mavic 2支持全向避障，建议飞行时打开视觉避障功能，如图6-31所示。在"御"Mavic 2检测到有障碍物后，先会报警发出提示，如果距离再近，"御"Mavic 2就会悬停以保证安全。不过用户要注意，左、右单目视觉系统避障功能仅在三脚架模式和智能飞行模式下才起作用，用户在侧飞时仍要注意观测周围环境。另外，无人机无法判别电线等细小物体，并且在夜间飞行时视觉避障功能也会失效。

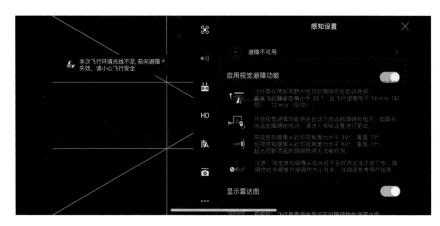

图6-31　打开视觉避障功能

11. 感知设置／显示雷达图

在"感知设置"界面中，建议大家打开"显示雷达图"功能，如图6-32所示。开启该功能后，飞行器界面将会显示实时的障碍物检测雷达图，让用户清晰掌握无人机周边障碍物的位置，避免炸机风险。

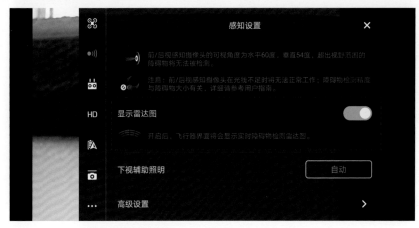

图6-32　打开"显示雷达图"功能

12. 感知设置／下视辅助照明

"感知设置"中的"下视辅助照明"功能，默认为"自动"选项，如图6-33所示，不建议用户修改。"御"Mavic 2在夜景中降落时，会自动打开下视辅助照明，帮助无人机判断下方是否满足降落条件。

图6-33　"下视辅助照明"功能

13. 感知设置／高级设置

在"高级设置"界面中，建议大家打开"启动下视定位"功能，如图6-34所示。在低空和室内范围飞行无人机的时候，该功能非常有用，有助于稳定无人机。不过大家要注意，无人机的下方不能有大型移动物体，否则视觉定位将导致无人机跟着下方的移动物体飞行，很容易炸机。

"降落保护"功能打开后，无人机在降落时会自动检测下方是否满足降落条件；"返航障碍物检测"功能开启后，即使用户关闭了视觉避障功能，无人机返航时仍可以检测障碍物位置。

图 6-34　打开"启动下视定位"功能

14. 遥控器功能设置／遥控器校准

在"遥控器功能设置"界面中，有一个"遥控器校准"的选项，如图6-35所示。建议大家一个月校准一次遥控器。电子类产品在使用一段时间后，操作上都会有点误差，校准之后可以使遥控器打杆更加精准。进行遥控器校准操作时，无须连接飞行器，很简单。

图 6-35　"遥控器校准"选项

15. 遥控器设置／充电模式

在"遥控器功能设置"界面中，还有一个"充电模式"选项。由于无人机飞行过程中，主要的图传设备是手机，而因为图传时高功率运作的原因，手机电量很容易消耗殆尽，会给无人机的飞行安全带来隐患。如果在无人机飞行中发现手机电量不足，建议打开"充电模式"功能，如图6-36所示，利用遥控器内置的电池为手机进行小电流充电，让手机一直处在比较好的状态。

图6-36　打开"充电模式"功能

16. 遥控器设置／遥控器自定义按键

"御" Mavic 2遥控器提供了丰富的自定义按键，除了传统遥控器背后的C1、C2键外，还提供了五维按键，用户可以自定义实现不同的功能控制，如图6-37所示。

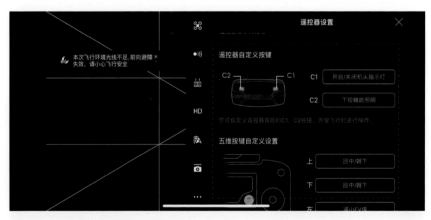

图6-37　遥控器自定义按键

17. 图传设置功能界面

在"图传设置"界面中，与飞行安全有关的是信道模式，一般情况下选择"自动选择"选项，如图6-38所示，系统会自动选择最佳的信道。

如果飞行区域比较复杂，"自动选择"信道已经不能满足实际的要求，这个时候也可以手动选择干扰较少的信道，干扰少的信道显示为绿色。大家还可以根据实际需要设置图传的模式，右侧有高清模式和普通模式两种，可根据需要进行选择。

图6-38　选择"自动选择"选项

18. 智能电池设置界面

在"智能电池设置"界面中，建议开启"低电量智能返航"功能。无人机会根据其与返航点的高度和距离自动计算返航所需要的电量，当计算后发现当前电量只够支撑返航的时候，就会提醒用户返航。这个界面中的选项一般保持默认设置即可，不需要修改，如图6-39所示。

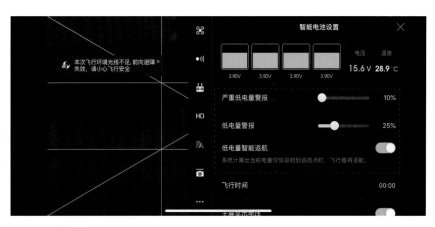

图6-39　"智能电池设置"界面

在低电量的情况下，无人机飞行器飞行功率会输出不足，容易发生摇晃、抖动的情况，严重的情况下还会急速掉电。所以，建议大家把低电量警报值设置在30%左右，飞行中如果遇到无人机开始电量报警就要开始回航，并且尽量控制剩余电量在20%前开始降落。要知道，对锂电池最大的伤害就是过放，会对锂电池造成不可逆转的损伤。

千万不要将低电量警报修改为10%，因为一旦电池电量过低，系统就会强制无人机降落，这时飞行器将缓慢自行降落并停止电机。

19. 云台设置

在"云台设置"界面中，可以设置无人机的云台模式。在"跟随模式"下，云台横滚方向保持水平，在"FPV模式"下，云台横滚方向的运动自动跟随飞行器横滚方向的运动而改变，适用于体验第一人称视角飞行。

"回中/朝下"功能可以快速让云台在水平和俯视两个角度来回切换，用户设置自定义按键关联该功能后切换更加方便。"云台微调"功能主要是针对无人机云台朝向和水平略有偏差时的用户自定义调整。大疆无人机云台为电子云台，在使用一段时间后需要进行云台自动校准。如果校准完毕后仍有误差，可以使用"云台微调"功能进行微调，如图6-40所示。

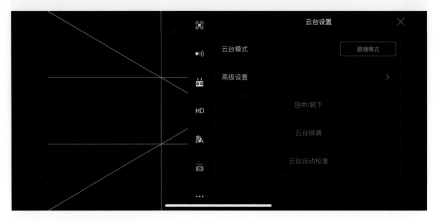

图6-40 "云台设置"界面

20. 云台设置/高级设置

在云台"高级设置"界面中，强烈建议修改"云台俯仰轴最大速度"和"俯仰缓启/停"参数，如图6-41所示。通过调整参数，用户控制摄像头俯仰操作拍摄视频时，可以让视频画面更加流畅。笔者也建议开启"扩展云台俯仰轴限位至上30°"，一来云台在抬起过程中不会到了水平0°时急停，二来拍摄照片时角度更加自由。

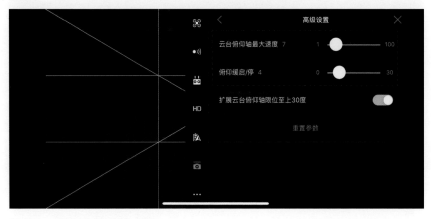

图6-41 云台"高级设置"界面

21. 通用设置

在"通用设置"界面中，用户可以设置实时直播无人机画面。视频直播的类型有多种，可以设置在微博内直播无人机画面，也可以自定义RTMP直播地址，进行其他直播平台直播，如图6-42所示。

图6-42　选择直播平台

如果飞行区域没有网络，建议用户率先开启后台缓存地图，提前缓存好飞行区域地图。如果用户获得了在某禁飞区飞行的审批证书，可以在"解禁证书"中查看详细内容，如图6-43所示。

图6-43　在"解禁证书"中可查看详细内容

6.6　设置ISO、光圈和快门速度，拍出高质量照片

要想从无人机航拍摄影"菜鸟"晋升为"高手"，用户还必须了解ISO、快门速度和光圈等基本的摄影知识，掌握无人机的4种曝光模式，即，自动模式、光圈优先模式、快门优先模式及手动模式，这样可以帮助用户拍出更专业的照片。

开启无人机与遥控设备，进入DJI GO 4 App相机界面，点击右侧的"调整"图标
，如图6-44所示。

图6-44　点击右侧的"调整"按钮

进入ISO、光圈和快门设置界面。这里包含4种拍摄模式，分别是自动模式、光圈
优先模式（A挡）、快门优先模式（S挡）和手动模式（M挡），如图6-45所示，选择不
同的模式可以拍摄出不同的照片效果。在每种模式下面，都有ISO、光圈、快门的参数，
大家可以根据实际拍摄需要进行相关设置。

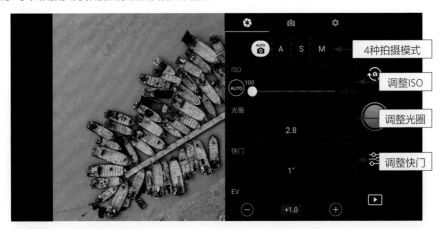

图6-45　包含4种拍摄模式

1. ISO感光度设置

ISO感光度是按照整数倍率排列的，有100、200、400、800、1600、3200、
6400、12800等，相邻的两挡感光度对光线敏感程度也相差一倍。在相机设置界面的"自
动模式"下，滑动ISO下方的滑块，可以调整ISO感光度参数，如图6-46所示。

图6-47所示照片中，左图为低感光度下拍摄的，可以看出画面纯净度十分不错，暗
部没有丝毫噪点，但画面整体明显偏暗、曝光不足。右图为高感光度下拍摄的，画面的

亮度得到了明显提升，房屋细节也能看出来了。从示例照片就可以清楚地了解，在光圈和快门参数不变的情况下，不同的感光度会使画面的曝光产生不一样的效果。

图6-46 调整ISO感光度参数

图6-47 不同的感光度对画面的影响

2. 光圈优先模式

光圈是一个用来控制透过镜头进入机身内光量的装置。光圈有一个非常具象的比喻，那就是我们的瞳孔。不管是人还是动物。黑暗的环境下瞳孔总是会变大，在灿烂的阳光下瞳孔则会缩小，因为瞳孔的直径决定着进光量的多少。相机中的光圈同理，光圈越大，进光量则越大；光圈越小，进光量也就越小。

光圈除了可以控制进光量外，还有一个重要的作用——控制景深。光圈越大，进光量越多，景深越浅；光圈越小，进光量越少，景深越大。当全开光圈拍摄时，合焦范围缩小，可以让画面中的背景产生虚化效果。

在DJI GO 4 App的相机设置界面中，我们选择A挡——光圈优先模式，滑动下方调整光圈参数，可以设置光圈大小，如图6-48所示。

3. 快门优先模式

快门速度就是"曝光时间"，指相机快门打开到关闭的时间。快门是控制照片进光量一个重要的部分，控制着光线进入传感器的时间。假如把相机曝光拍摄的过程比作用水管给水缸装水的话，快门控制的就是水龙头的开关。水龙头开关控制装多久的水，而相机的快门则控制着光线进入传感器的时间。

　　在App界面中一般的表示方法是1/100 "、1/30 "、5 "、8 "等，将拍摄模式调至S挡（快门优先模式），滑动下方调整快门参数，可以设置快门速度，如图6-49所示。

图6-48　选择光圈优先模式

图6-49　快门优先模式下设置快门速度

4. 手动模式

　　在M挡手动模式下，拍摄者可以根据实际情况对感光度、光圈、快门速度等拍摄参数进行手动设置，如图6-50所示。M挡是专业摄影师最喜爱的模式，因为在这个模式下可以自由调节拍摄参数。

图6-50　选择M挡手动模式

6.7 设置照片尺寸与格式，为后期做好准备

使用无人机拍摄照片之前，设置好照片的尺寸与格式也很重要，不同的照片尺寸与格式对于照片的使用途径有影响，无人机中不同的拍摄模式可以得到不同的照片效果。下面主要介绍设置照片尺寸格式与拍摄模式的操作方法。

STEP01 进入相机调整界面，点击"照片比例"选项，如图6-51所示。

STEP02 进入"照片比例"设置界面，选择想要拍摄的照片的尺寸，如图6-52所示。

图6-51　点击"照片比例"选项　　　　图6-52　选择要拍摄的照片的尺寸

STEP03 点击左上角的"返回"按钮，返回相机调整界面。点击"照片格式"选项，进入"照片格式"设置界面，供选择的3种格式分别是RAW格式、JPEG格式、以及JPEG+RAW的双格式，如图6-53所示，用户可根据需要选择。建议选择第一种RAW格式进行拍摄，这样可以保留照片最多的信息，便于后期调整。如果用户想快速经网络发布照片的话，可以选择JPEG+RAW的格式，这样既保留了RAW原始格式，也为即时发送提供了便利条件。

图6-53　有3种照片格式可供选择

6.8 设置照片拍摄模式，夜拍、连拍随你选

使用无人机拍摄照片时，有7种照片拍摄模式可供选择，分别为单拍、HDR、纯净夜拍、连拍、AEB连拍、定时拍摄及全景拍摄，可以满足我们日常的拍摄需求。这个功能非常实用，也是学习无人机摄影的基础。下面介绍设置照片拍摄模式的操作方法。

STEP01 在飞行界面中，点击右侧的"调整"图标 ，进入相机调整界面，点击"拍照模式"选项，如图6-54所示。

STEP02 进入"拍照模式"界面，在其中可以查看用户可以使用的拍照模式，如图6-55所示。单拍是指拍摄单张照片；HDR的全称是High-Dynamic Range，即高动态范围图像，相比普通的图像，HDR可以保留更多的阴影和高光细节；纯净夜拍可以用来拍摄夜景照片；连拍是指连续拍摄多张照片。

图6-54 点击"拍照模式"选项（左）

图6-55 查看拍照模式（右）

STEP03 点击"连拍"选项后，可选择连拍3张或5张，如图6-56所示照片。应用此功能可以抓拍高速运动的物体。

STEP04 AEB连拍是指包围曝光拍摄，可选3张或5张，相机以0.7挡的曝光增减幅度连续拍摄多张照片，适用于拍摄静止的大光比场景；定时拍摄是指以所选的间隔时间连续拍摄多张照片，下面有9个不同的时间间隔可供选择，如图6-57所示，适合用户拍摄延时作品。当然，一般拍摄延时作品时会选择最短的间隔时间，如果用户选择的是RAW存储格式，最短间隔时间为5秒。

图6-56 "连拍"模式（左）

图6-57 "定时拍摄"模式（右）

6.9　设置相机参数，这些细节关系到照片质量

在拍摄照片时，有时候也需要对相机的参数进行相关设置，以使无人机能更好地服务于用户，如是否保存全景照片、是否显示直方图、是否锁定云台、是否使用风格构图以及照片的存储位置等，设置好这些参数，可以帮助用户更好地拍摄照片。

STEP 01 在飞行界面中，点击右侧的"调整"按钮![icon]，进入相机调整界面，点击右上方的"设置"按钮![icon]，进入相机设置界面，如图6-58所示。

STEP 02 分别点击"拍照时锁定云台""启用连续自动对焦""飞行时同步高清照片"右侧的按钮![icon]，开启这3项拍照功能，使按钮呈绿色显示![icon]，如图6-59所示。

图6-58　进入相机设置界面（左）

图6-59　设置照片拍摄功能（右）

STEP 03 从下往上滑动屏幕，点击"显示网格"选项，进入"显示网格"界面，点击"网格线"选项，即可开启网格功能。网格功能又称为九宫格，可以帮助用户在拍照时画面进行良好的构图。此时左侧的预览窗口中显示了白色的网格线，如图6-60所示。

STEP 04 点击"后退"按钮![icon]，返回相机设置界面，点击"存储位置"选项，进入"存储位置"界面，在其中可以设置照片的存储位置，如图6-61所示。

图6-60　开启"网格线"功能（左）

图6-61　设置照片存储位置（右）

6.10 要想拍好短视频，这些参数要提前设置好

使用无人机拍摄短视频之前，也需要对视频的相关参数进行设置，以使拍摄的视频文件更加符合用户的需求。如果视频选项设置不当，有可能导致视频白拍了。下面介绍几个比较重要的视频参数的设置方法。

STEP 01 切换至"录像"模式 ；点击右侧的"调整"按钮 ，进入相机调整界面；点击"视频"按钮 ，进入视频界面；点击"视频尺寸"选项，如图6-62所示。

STEP 02 进入"视频尺寸"界面，一般情况下如果没有特别的需求，强烈建议大家视频尺寸选择4K，因为4K视频的分辨率高、画质佳。"御"Mavic 2有两种4K拍摄模式，第一种HQ模式是裁剪模式，使用了感光芯片中间的一部分参与成像，"御"Mavic 2的焦距有所增加；第二种是Full FOV模式，使用了全部感光芯片尺寸参与成像。在视频尺寸下还可以选择视频的帧数，如图6-63所示。

图6-62 点击"视频尺寸"
选项（左）

图6-63 选择视频的帧数
（右）

STEP 03 点击"后退"按钮 ，返回视频设置界面，点击"视频格式"选项，进入"视频格式"设置界面。在其中有两种视频格式可供用户选择，一种是MOV格式，另一种是MP4格式，如图6-64所示。

STEP 04 点击"后退"按钮 ，返回视频设置界面，点击右上方的"设置"按钮 ，进入相机设置界面，从下往上滑动屏幕；在界面最下方可以设置延时摄影的相关信息，以及是否需要重置相机参数，如图6-65所示。设置完成后即可拍摄视频。

图6-64 "视频格式"界面
（左）

图6-65 设置视频参数
（右）

6.11　使用自带编辑器制作短视频，既快又方便

DJI GO 4 App中自带"编辑器"功能，用户利用"编辑器"可以制作和剪辑出自己想要效果的视频，还可以调整视频的亮度、对比度及饱和度等，使视频画质更符合用户的需求。处理好视频画面后，还可以为视频添加背影音乐和字幕效果，或将视频分享至朋友圈或其他个人媒体、网站上。

在"编辑器"中，最上方有两个新建选项"影片-自由编辑"和"影片-自动编辑"。"影片-自由编辑"适合高级用户，用户可以像使用专业剪辑软件一样按照需求对原素材进行裁剪、重新编排、调色和配乐。而"影片-自动编辑"适合新手用户，用户选择一定的素材后，DJI GO 4软件就会自动剪辑。

1. 使用"影片-自动编辑"模式

在"编辑器"中，点击"创作"按钮，点击"影片-自动编辑"按钮，如图6-66所示；进入"图库"素材界面，选择需要编辑的视频，如图6-67所示。

图6-66　点击"影片-自动编辑"按钮（左）

图6-67　选择需要编辑的视频（右）

自动编辑通常需要约10个素材片段，视音乐长度而定。即使用户只选择了一段素材，软件也会自动将该段素材裁剪成多段匹配数量的素材。为了达到最佳效果，笔者建议尽量多选择一些素材。选择好素材后，点击"开始编辑"按钮进入编辑状态，用户即可开始创作视频。

软件提供了不同的音乐模板，各模板长度略有不同，所需的素材数量也不同。如果不满意所选素材，还可以点击下方的"换批素材"更换素材，软件会自动重新编排剪辑视频。点击上方第一个图标，可以添加酷炫的航拍片头，如图6-68所示；点击第二个图标，可以打开滤镜，对影片套用滤镜调色，如图6-69所示；如果剪辑的是高清片段，第三个HD图标会自动显示，如图6-70所示。

图6-68　添加酷炫片头

图6-69　套用滤镜调色

图6-70　高清片段剪辑

　　DJI GO 4 App自动编辑完视频后，用户如果对于某一段素材不满意，还可以点击该段素材后激活"选择项目"对话框，重新从DJI GO 4 App素材库内选择新的素材进行替换。因为是自动剪辑，所以该片段的长度是定值，无法修改。用户要做的就是选择最佳的素材，点击"确定"进行替换，如图6-71所示。

　　当一切完成后，软件就会自动播放完整的视频进行预览，如果用户对一切都已经满意，就可以点击右上角的"完成"按钮。按照提示输入好片名，添加标签就可以发布视频了，如图6-72所示。按照默认设置，DJI GO 4 App会在天空之城网站发布视频，用户可以通过微信分享视频链接，如图6-73所示。

　　由于视频需要审核，一般需要一定时间后才可以播放。不过如果想马上给朋友分享的话，可以打开手机相册，里面也会保存一份视频副本。

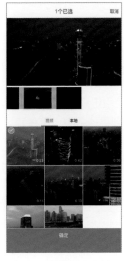

图6-71　替换相应素材

图6-72　添加视频标签

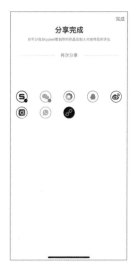

图6-73　分享视频素材

2. 使用"影片-自由编辑"模式

如果用户认为"自动编辑"的视频时长和色调不好单独控制，可以选择另外一种编辑模式，而"影片-自由编辑"。在"编辑器"中，点击"创作"按钮，点击"影片-自由编辑"按钮，如图6-74所示；进入"图库"素材界面，选择一段需要编辑的视频，点击"创建作品"按钮，如图6-75所示；进入视频编辑界面，其中显示了刚添加的视频，并自动播放视频画面，如图6-76所示。

图6-74　"创作"界面　　　　图6-75　选择素材　　　　图6-76　播放视频

点击视频片段，进入单独编辑界面，在下方向右滑动滑块，加快视频的播放速度，视频播放时长由42秒变成了11秒，如图6-77所示；在下方点击"饱和度"标签，向右拖曳滑块，加强视频画面的饱和度，如图6-78所示；点击右下角的"确认"按钮 ✓ ，返回编辑界面，手动拖曳视频右端的控制柄，向左拖曳，将视频片段裁剪为10秒短视频，如图6-79所示。

图6-77　调整播放速度　　　　图6-78　加强饱和度　　　　图6-79　裁剪视频片段

点击下方"音乐"图标🎵，进入音乐编辑界面，这里提供了标签为推荐、时尚、史诗、运动、积极、振奋以及温和等类型的音乐，如图6-80所示。用户可以根据航拍画面选择与之相匹配的音乐。

音乐节奏栏有3个选项可供用户选择，如图6-81所示。"自动匹配音乐节奏"是指根据所选择的素材自动进行裁剪匹配音乐（和自动编辑相差不大）。"精华音乐模式"是指只选取所选音乐的精华高潮部分。"完整音乐模式"，顾名思义，是把完整的曲子作为背景音乐。自由编辑胜在可以精细调整每一段素材。

图6-80　选择音乐素材（左）

图6-81　3种音乐模式（右）

点击界面下方的"文字"图标 🅣，可以进入文字编辑界面，选择相应的字体样式，即可手动输入文字内容作为字幕，如图6-82所示；视频编辑完成后，点击右上角的"完成"开始导出视频，如图6-83所示。

图6-82　添加字幕（左）

图6-83　导出视频（右）

自由编辑除了可以编辑单段长素材外，还可以选择多段素材编辑。在选择项目时选择多个片段，点击"创建作品"按钮，所选的素材就按顺序导入至编辑器中。在这个界面中可以看到每段素材前后都有蓝色进度条，拖动进度条可以改变每段素材的长度，如图6-84所示。

每个素材前面都有相应的编号，选择编号或者选择素材本身均可以进入该段素材的编辑窗口。这里可以对素材做详细调整，不仅可以改变视频长度、调整播放速度，还可以选择曲线加速模式让加速更加自然，亦可以反转播放素材，调整对比度、亮度、饱和度等对视频做基本调色，更可以为视频应用特殊移轴滤镜效果，同时还支持调节视频原声和背景音乐音量大小。如果各素材差不多同一时间拍摄，曝光也基本一致，可以选择应用全部，即把所有调整内容应用到所有片段上，节约调整时间。点击两个素材编号中间的小斜杠，可以打开转场效果选项，有交错、白场、黑场和交叉四种转场模式供用户使用，如图6-85所示。

点击界面下第三个图标可以进入滤镜模板界面，这里提供了不少现成的滤镜供用户使用，如图6-86所示。如果觉得滤镜效果有点过，还可以通过调整滤镜效果的百分比来控制滤镜叠加程度。

图6-84　导入多段视频

图6-85　添加转场效果

图6-86　进入滤镜模板界面

虽然DJI GO 4 App的剪辑功能有点简单，但它给新手用户提供了快速出片的可能，还能马上发到朋友圈"吸睛"。还等什么，赶紧利用手机剪辑你的第一部小短片吧！

6.12　查看自己的飞行记录，设置相关隐私信息

在DJI GO 4 App主界面中，用户可以查看自己的飞行记录，如飞行总时间、总距离及总次数等，还可以对相关的隐私进行设置。下面介绍具体的设置方法。

STEP 01 在DJI GO 4 App主界面中，点击下方的"我"按钮，进入个人信息界面；点击"飞行记录"按钮，如图6-87所示。

STEP 02 进入飞行信息界面，即可查看自己的飞行记录，如图6-88所示。向左滑动屏幕，还可以查看飞行器的相关记录。

图6-87 点击"飞行记录"按钮（左）

图6-88 查看自己的飞行记录（右）

STEP 03 界面下方显示一个"记录列表"，可以显示具体的飞行数据，如图6-89所示。

STEP 04 后退至个人信息界面，点击右上角的"设置"按钮 ⚙，进入"设置"界面，点击"隐私"选项，如图6-90所示。

STEP 05 进入隐私设置界面，在其中可以设置DJI GO 4 App的相关隐私信息，通过点击右侧的按钮，可以开启或关闭相关功能，如图6-91所示。

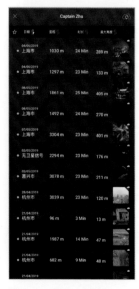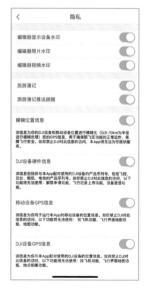

图6-89 显示飞行数据　　　图6-90 "设置"界面　　　图6-91 相关隐私设置

第 7 章

检查：熟知起飞与素材拍摄事项

学前提示

　　在起飞无人机之前，需要熟知起飞的各种事项。例如，提前确认拍摄当天的天气，提前检查设备电量是否充足，确定好需要拍摄的素材内容，检查SD卡是否放进无人机，检查螺旋桨与图传信号是否正常，等等。确保这一系列的检查工作到位后，再开始起飞无人机，可以降低炸机风险。

7.1 提前1天，查看拍摄当天的天气和环境

使用无人机进行航拍之前，需要查看拍摄当天的天气，并检查飞行的环境是否安全。

（1）今天的天气是否适合航拍，天空是否晴朗，是否有云，风速如何？

（2）飞行的区域是否属于禁飞区，是否属于人群密集区？

（3）附近是否有政府大楼或军事设施？

（4）起飞的地点是否有铁栏杆，是否有信号塔？

（5）起飞的上空是否有电线、建筑物、树木或者其他遮挡物？

如果用户准备夜晚飞行无人机，那么白天的时候一定要去踩点，这样做的目的是为了更安全地飞行无人机。因为夜晚受光线的影响，视线会受阻碍，天空中是什么样我们根本看不清楚，我们不知道要飞行的区域上空有没有电线，有没有障碍物或高大建筑物等，而这些只有白天的时候才能看得清楚。因此，白天踩点可以帮助用户更好地规划行程和飞行路线，给无人机创造一个安全的飞行环境。

如果无人机飞行的环境比较复杂，视线不是特别好的话，可以在无人机上搭载桨叶保护器。这样做的优点是可以增加安全性，万一坠机了，桨叶也不会伤到人，减少对他人的伤害，如果无人机撞墙了，桨叶保护器也可以保护桨叶的完整；缺点是会增加一些重量，耗电会比较快。

7.2 提前1天，检查电池的电量是否充足

飞行之前，一定要检查飞行器、遥控器以及手机的电池是否充满电，以免到了拍摄地点后，到处找充电的地方，这是非常麻烦的事情。而且，飞行器的电池弥足珍贵，一块满格的电池只能用30分钟左右，如果飞行器只有一半的电量，还要留25%的电量返航，那即使飞上去基本上也来不及拍什么东西了。

当我们好不容易发现一个很美的景点可以航拍，然后驱车几个小时到达，却发现无人机忘记充电了，这是一件非常痛苦的事。在这里，建议有车一族买个车载充电器，这样就算电池用完了，也可以在车上边开车边充电，从而及时解决充电的问题。大疆原装的车载充电器不贵，普通品牌的车载充电器更便宜，如图7-1所示即为车载充电器。

图7-1　车载充电器

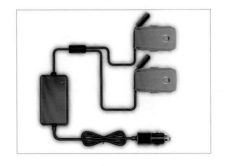

💡专家提醒　如果在购买无人机的时候，还买了全能配件包，配件包里面包括一个车载充电器，就不需要用户再单独购买了。

　　如果您使用的是安卓系统的手机，当遥控器与手机连接时，遥控器会自动给手机充电。这时如果您的手机不是满格电，遥控器的电量就会消耗得比较快，因为它一边要给手机充电，一边还要与手机进行图传信息的接收和发送，还要指点飞行器进行飞行，如果遥控器没电了，无人机在空中就比较危险了。所以，建议用户飞行无人机之前，将手机的电也充满。

7.3　飞行前，确定好需要拍摄的素材内容

　　素材的拍摄清单是指拍摄计划表。导演在拍电影前，也会有一个拍摄计划表，这样才不至于将无人机飞到空中后，不知道要拍什么。下面列出相关的素材拍摄清单供参考。

　　（1）你准备拍什么，拍哪个对象，往哪个方向进行拍摄？

　　（2）你准备在什么时间拍摄：早晨、上午、中午、下午，还是晚上？

　　（3）使用无人机拍照片，拍视频，还是拍延时视频？

　　（4）准备拍摄多少张照片，多少段视频？

　　（5）准备拍摄多大像素的照片，多大尺寸的视频？

　　（6）你要运用哪些模式进行拍摄：单拍、连拍、夜景拍摄、全景拍摄，还是竖幅拍摄？

　　当以上问题你都非常清楚了，再开始飞行无人机，有目的地去飞行与拍摄，这样效率会高很多，至少你已知道自己的拍摄目的是什么。

💡专家提醒　很多新手用户在刚开始飞无人机的时候，只想着先把无人机飞上去，看看传送回来的图传界面有没有美景，再想想要拍什么。这个时候会浪费思考的时间，无人机电池的电量也有限，因此很难拍摄出理想的画面。当然，勘景也是必要的，在光线条件一般的时候将无人机飞上去先找到最佳空中机位，等到日出、日落等最佳时刻就可以开始正式飞行，记录最佳美景了。

7.4　检查无人机的外观，确保安全地飞行

　　检查无人机的外观，主要包括以下几个方面。

　　（1）有无硬件松动，外观有无损伤。

　　（2）"精灵"（Phantom）系列无人机机臂螺丝处很容易开裂，要重点检查。

　　（3）硬件检查的重点是电机，首先看下电机与底座连接是否松动，然后近距离检查一下电机内部线圈是否有伤痕，以及是否有不明物质被磁铁吸进去。

（4）用手转动电机，看是否顺滑，每个电机转动手感是否一致。

（5）如果是"悟"（Inspire）系列无人机，还需要检查一下机臂变形装置是否存在松动的迹象。

（6）当我们将无人机放置在水平起飞位置后，应取下云台的保护罩，然后再按下无人机的电源按钮，开启无人机。

（7）仔细检查电池的插槽是否卡紧，否则会有安全隐患。图7-2所示为电池插槽没有卡紧的状态，电池凸起，不平整，中间缝隙很大；图7-3所示为电池正确安装的效果。

图7-2　电池插槽没有卡紧的状态（左）

图7-3　电池正确安装的效果（右）

7.5　检查SD卡是否有足够的存储空间

外出拍摄前，一定要检查无人机中的SD卡是否有足够的存储空间。这个也是非常重要的，到了拍摄地点，看到那么多美景却拍不下来，是很痛苦的事情。如果再跑回家将SD卡的容量腾出来，然后再出来拍摄，第一时间过去了，第二来回跑既辛苦又折腾，第三拍摄的热情和激情也过去了，结果往往是没办法再拍出理想的片子。还有，大家在复制SD卡中的素材时，复制完了要立马将SD卡放回无人机设备中，免得忘记了。

如果用户将无人机中的SD卡取出来了，飞行界面上方会提示"SD卡未插入"，如图7-4所示。

图7-4　提示"SD卡未插入"

另外，建议大家多买一张SD卡，在飞行拍摄任务完成一半后，建议更换为备用的SD卡。前面说过，炸机是个概率事件，因此拍摄过的画面可能比机器更宝贵，更换SD卡可以尽可能地留下数据。

7.6 不安装螺旋桨启动无人机，听电机声音

不安装螺旋桨启动无人机，向各个方向推动摇杆听电机声音是否正常。每次飞行前都如此操作听一下，如果电机发生异常，肯定可以辨别出来。停机时，看下电机停转时间是否一致，如果有个别电机特别快就停止，就要小心检查。当无人机经过运输后，一定要仔细检查，虽然一般用户自己都会有意识地保护好机器，但偶尔检查也是有必要的。

7.7 上螺旋桨，一定要多检查，以免炸机

上螺旋桨时，"精灵"Phantom 3的自紧桨也一定要上紧，"精灵"Phantom 4和"悟"Inspire的快拆桨一定要多检查一下。空中飞桨的案例在大疆论坛上经常看到，飞之前检查好，可以降低炸机概率。

图7-5所示的螺旋桨是松动的，没有卡紧；图7-6所示的螺旋桨是卡紧、正确安装的。

图7-5 螺旋桨是松动的（左）

图7-6 螺旋桨是卡紧的（右）

7.8 检查图传画面是否正常，确保连接成功

开启无人机，连接遥控器和无人机，检查图传和参数是否正常，有无警告信息。检查GPS信号是否正常，搜星定位完毕后，检查定位是否准确。

当App状态栏中显示"起飞准备完毕"后，如图7-7所示，就表示可以安全起飞了。

图7-7 显示"起飞准备完毕"的信息

第 8 章

首飞：如何安全起飞、暂停与降落

学前提示

    掌握了前面一系列的理论知识后，本章将重点介绍如何安全地起飞、暂停与降落无人机。

    首先准备好遥控器与飞行器，然后可以通过自动与手动两种方式来起飞与降落无人机，两种操控方式都可以试一试。在空中飞行时，如果遇到紧急情况，要学会如何紧急停机，以确保无人机的安全飞行。

8.1 遥控器和摇杆的正确安装方式，这个很重要

在飞行无人机之前，首先要准备好遥控器。请按以下顺序进行操作，正确展开遥控器，并连接好手机移动设备。

STEP 01 将遥控器从背包中取出来，如图8-1所示。

STEP 02 以正确的方式展开遥控器的天线，确保两根天线的平衡，如图8-2所示。

图8-1 将遥控器从背包中取出来   图8-2 展开遥控器的天线

STEP 03 将遥控器下方的两侧手柄平稳地展开，如图8-3所示。

STEP 04 取出遥控器的左侧操作杆，通过旋转的方式拧紧，如图8-4所示。

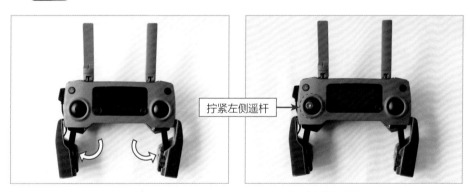

图8-3 平稳的展开两侧手柄   图8-4 拧紧左侧的操作杆

STEP 05 取出遥控器的右侧操作杆，通过旋转的方式拧紧，如图8-5所示。

STEP 06 接下来开启遥控器。首先短按一次遥控器电源开关，然后长按2秒，松手后，即可开启遥控器的电源，此时遥控器在搜索飞行器，如图8-6所示。

STEP 07 当遥控器搜索到飞行器后，即可显示相应的状态屏幕，如图8-7所示。

STEP 08 找出遥控器上连接手机接口的数据线，如图8-8所示。

STEP 09 将数据线的接口接入手机接口中，进行正确连接，如图8-9所示。

STEP 10 将手机卡入两侧手柄的插槽中，卡紧稳固，如图8-10所示，即可准备好遥控器。

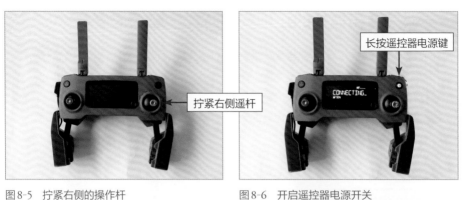

图 8-5　拧紧右侧的操作杆　　　　　　　　图 8-6　开启遥控器电源开关

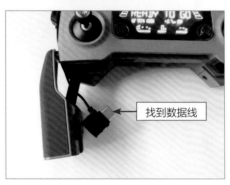

图 8-7　显示相应的状态屏幕　　　　　　　图 8-8　找出遥控器上的数据线

图 8-9　将数据线的接口接入手机接口中　　图 8-10　将手机卡入两侧手柄的插槽中

8.2　准备好飞行器，按顺序展开机臂并开启电源

　　准备好遥控器后，接下来需要准备好飞行器。请按以下顺序展开飞行器的机臂，并安装好螺旋桨和电池，具体步骤和流程如下所述。

STEP 01 将飞行器从背包中取出来，平整地摆放在地上，如图 8-11 所示。

图 8-11　将飞行器平整
地摆放在地上

STEP 02 将云台相机的保护罩取下来，底端有一个小卡口，轻轻往里按一下，保护罩就可以被取下来，如图 8-12 所示。

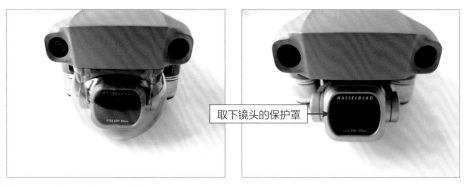

取下镜头的保护罩

图 8-12　将云台相机的保护罩取下来

STEP 03 首先将无人机的前臂展开，如图 8-13 所示，图中注明了前臂的展开方向，往外展开前臂的时候，动作一定要轻，太过用力可能会掰断无人机的前臂。

STEP 04 用同样的方法，展开无人机的另一前臂，如图 8-14 所示。

图 8-13　将无人机的一前臂展开

图 8-14　展开无人机的另一前臂

STEP 05 通过往下旋转展开的方式，展开无人机的后机臂，如图 8-15 所示。

STEP 06 安装好无人机的电池，两边有卡扣按钮，按下去并按紧，如图 8-16 所示。

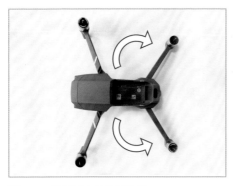

图8-15　展开无人机的后机臂

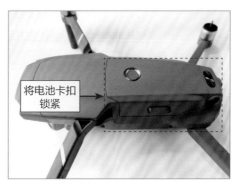

将电池卡扣锁紧

图8-16　安装好无人机的电池

STEP 07 展开前机臂和后机臂，并安装好电池后的无人机整体效果如图8-17所示。

STEP 08 接下来安装螺旋桨，将桨叶安装卡口对准插槽位置，如图8-18所示。

图8-17　无人机整体效果

对准插槽

图8-18　将桨叶安装卡口对准插槽

STEP 09 轻轻按下桨叶安装卡口，并旋转拧紧，如图8-19所示。

STEP 10 用同样的方法，旋转拧紧其他的螺旋桨，整体效果如图8-20所示。

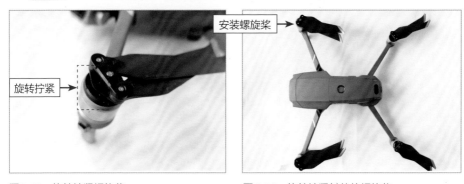

旋转拧紧

安装螺旋桨

图8-19　旋转拧紧螺旋桨　　　　　图8-20　旋转拧紧其他的螺旋桨

STEP 11 首先短按电池上的电源开关键，然后长按2秒，再松手，即可开启无人机的电源，如图8-21所示。此时指示灯上一圈亮了4格电，表示无人机的电池是充满电的状态。

图8-21 开启无人机的电源

8.3 自动起飞，轻松实现一键起飞，简单又快捷

使用"自动起飞"功能可以帮助用户一键起飞无人机，既方便又快捷。下面介绍自动起飞无人机的操作方法。

STEP 01 将飞行器放在水平地面上，依次开启遥控器与飞行器的电源，当左上角状态栏显示"起飞准备完毕（GPS）"的信息后，点击左侧的"自动起飞"按钮，如图8-22所示。

图8-22 点击"自动起飞"按钮

STEP 02 执行上步操作后，弹出提示信息框，提示用户确认是否自动起飞，根据提示向右滑动确认起飞，如图8-23所示。

图8-23 根据提示向右滑动确认起飞

STEP 03 此时，无人机即开始自动起飞。当无人机上升到1.2米的高度后，将自动停止上升。这时需要用户轻轻向上拨动左摇杆（以美国手为例），继续控制无人机向上升。状态栏显示"飞行中（GPS）"的提示信息，表示飞行状态安全，如图8-24所示。

图8-24　继续控制无人机向上升

8.4　自动降落，降落时这个细节一定要注意

使用"自动降落"功能可以自动降落无人机，在操作上也更加便捷。但在降落过程中用户要确保地面无任何障碍物，因为使用自动降落功能后，无人机的避障功能会自动关闭，无法自动识别障碍物。下面介绍自动降落无人机的操作方法。

STEP 01 当用户需要降落无人机时，点击左侧的"自动降落"按钮，如图8-25所示。

图8-25　点击"自动降落"按钮

STEP 02 执行上步操作后，弹出提示信息框，提示用户确认是否要自动降落，点击"确认"按钮，如图8-26所示。

STEP 03 此时，无人机将自动降落，页面中提示"飞行器正在降落，视觉避障关闭"的提示信息，如图8-27所示。用户要保证无人机下降的区域内没有任何遮挡物也没有人。当无人机下降到水平地面上，即自动降落完成。

图 8-26　提示用户是否确认自动降落操作

图 8-27　无人机将自动降落

8.5　手动起飞，练习操控习惯与双手的配合度

准备好遥控器与飞行器后，接下来开始学习如何手动起飞无人机。在手机中，打开 DJI GO 4 App，进入 App 启动界面；稍后进入 DJI GO 4 App 主界面，左下角提示设备已经连接；点击右侧的"开始飞行"按钮，进入 DJI GO 4 飞行界面；当用户校正好指南针后，状态栏中将提示"起飞准备完毕（GPS）"，如图 8-28 所示，表示飞行器已经准备好，用户随时可以起飞。

图 8-28　提示"起飞准备完毕（GPS）"的信息

接下来，我们通过掰杆动作来启动电机。将两个摇杆同时往内掰，如图8-29所示，即可启动电机，此时螺旋桨启动，开始旋转；将左摇杆缓慢向上推动，如图8-30所示，飞行器即可起飞，慢慢上升；当我们停止向上推动时，飞行器将在空中悬停。这样，就正确安全地起飞无人机了。

图8-29　将两个摇杆同时往内掰

图8-30　将左摇杆缓慢向上推动

8.6　手动降落，降落时一定要缓慢，眼观六路

当飞行完毕，要开始下降无人机时，可以将左摇杆缓慢向下推，如图8-31所示，无人机即可缓慢降落。当无人机降落至地面后，用户可以通过两种方法停止电机的运转，一种是将左摇杆推到最低的位置并保持3秒，电机停止；第二种方法是执行掰杆动作，将两个摇杆同时往内（或向外）掰，如图8-32所示，即可停止电机。

图8-31　将左摇杆缓慢向下推降落无人机

图8-32　将两个摇杆同时往内掰

🔔 专家提醒　在下降的过程中，用户一定要盯紧无人机，并将无人机降落在一片平整、干净的区域，下降的地方不能有人群、树木及杂物等，特别要防止小孩靠近。在遥控器摇杆的操作上，启动电机和停止电机的操作方式是一样的。

8.7　紧急停机，立马悬停空中，避免飞行事故

在飞行的过程中，如果空中突然出现了意外情况，需要紧急停机，可以按下遥控器上的"急停"按钮█，如图8-33所示。按下该按钮后，无人机将立马悬停在空中不动，等恢复为安全的环境后用户再继续飞行操作。

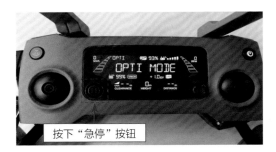

图8-33　按下遥控器上的"急停"按钮

按下"急停"按钮

按下"急停"按钮后，飞行界面中将提示用户"已紧急刹车，请将摇杆回中后再打杆飞行"，如图8-34所示。这是需要特别注意的一点，要等摇杆回中后再重新打杆，以免飞行方向发生偏差，引起无人机侧翻炸机。

图8-34　飞行界面中提示用户已紧急刹车

8.8　一键返航，先更新返航点，才能安全返回

要结束无人机的飞行与拍摄时，可以使用"自动返航"模式让无人机自动返航。这样操作的好处是比较方便，不用重复地拨动左右摇杆；而缺点是用户需要先更新返航地点，然后再使用"自动返航"功能，以免无人机飞到其他地方去了。

在飞行界面中，点击左侧的"自动返航"按钮📶，执行操作后，弹出提示信息框，提示用户确认是否返航，根据界面提示向右滑动确认返航，如图8-35所示。执行操作后，界面左上角显示相应的提示信息，提示用户正在自动返航，稍候片刻即可完成无人机的返航操作。

图8-35　提示用户确认是否返航

空中训练篇

第 9 章

初练: 新手专练的10组空中飞行动作

学前提示

　　作为一名航拍新手, 首先最重要的是掌握好基本的飞行动作, 以及两只手同时操控无人机时, 操控的配合度与默契度, 这都是与飞行安全息息相关的。本章将以"美国手"为例, 介绍10组专门适合新手练习的飞行动作, 如上升/下降、直线飞行、飞越飞行、倒飞、环绕飞行及拉升飞行等, 熟练掌握这些飞行的基本姿势, 有助于新手更好地操控无人机。

9.1 上升/下降，练好这种最基础的动作

上升和下降是学习飞行无人机的第一步，只有熟练掌握这两种最简单的飞行操作，才能更好地飞行无人机。通过这种最基础的训练，可以增强控制摇杆的感觉。

开启无人机后，将左侧的摇杆缓慢往上推，无人机将进行上升飞行。推杆的幅度要轻一点、缓一点，尽量避免无人机在地面附近盘旋。

当无人机上升至一定高度后，松开左侧的摇杆，使其自动回正。此时无人机的飞行高度、旋转角度将均保持不变，处于空中悬停的状态，如图9-1所示。

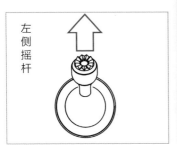
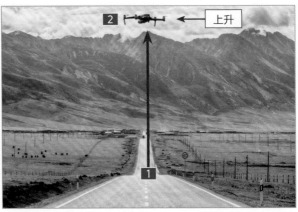

图9-1　使无人机上升至空中

在无人机上升过程中，切记一定要在自己的可视范围内飞行，而且飞行高度不能超过125米。当无人机飞至高空后，下面开始练习下降无人机。

将左侧的摇杆缓慢地往下推，无人机即开始下降，如图9-2所示。下降时一定要慢，以免气流影响无人机的稳定性。

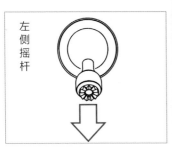

图9-2　无人机开始下降

9.2　直线飞行，一直往前的飞行航线

　　直线飞行是最简单的飞行手法，将无人机上升到一定高度后，调整好镜头的角度，然后将右侧的摇杆缓慢地往上推，无人机即可向前飞行，如图9-3所示。当用户看到漂亮的美景后，按下遥控器上的"对焦/拍照"按钮，即可拍摄照片。

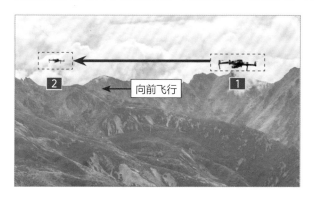

图9-3　无人机向前飞行

9.3　后退飞行，让前景不断出现在观众面前

　　如果想拍摄那种慢慢后退的镜头，可以将无人机缓慢地向后飞行。因为是后退的原因，所以前景是不断出现在观众面前的。如果有多重前景，航拍镜头倒飞堪称绝佳的选择。后退飞行的方法很简单，先调整好镜头的角度，然后将右侧的摇杆缓慢地往下推，无人机即可倒退飞行，如图9-4所示。

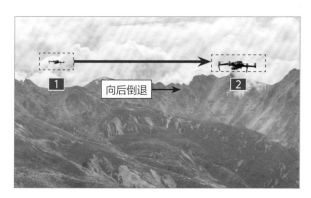

图9-4　无人机向后倒退飞行

9.4　原地转圈，360°俯拍天空下的好风景

　　原地转圈又称为360°旋转，是指当无人机飞到高空后，可以进行360°的原地旋转，查看哪个方向的景色更美，再往相应的地点飞行，还可以从高空进行360°的俯拍。360°旋转无人机的方法很简单，主要分为两种，一种是逆时针旋转，一种是顺时针旋转。下面以逆时针旋转为例作说明。

STEP 01 当无人机处于高空中时，将左侧的摇杆缓慢地往左推，如图9-5所示。

STEP 02 此时，无人机将逆时针旋转，如图9-6所示。

图9-5　将左侧摇杆缓慢地往左推　　　　图9-6　逆时针旋转

9.5　环绕飞行，以拍摄对象为中心360°旋转

环绕飞行也称为圆环飞行，是指无人机围绕一个中心点沿弧线飞行，这样飞行能最大限度地展现画面的主体，形成360°的观景效果，如图9-7所示。

图9-7　环绕飞行形成360°的观景效果

如图9-7所示的无人机环绕飞行路线的具体操作方法如下所述。

STEP 01 将无人机上升到一定高度，相机镜头朝前方，平视拍摄对象。

STEP 02 顺时针环绕：右手向左拨动右摇杆，无人机将向左侧侧飞，推杆的幅度要小一点，同时左手向右拨动左摇杆，使无人机向右进行旋转，也就是两摇杆同时向内打杆。当侧飞的偏移和旋转的偏移达到平衡后，可将拍摄主体锁定在画面中间。如果要逆时针环绕，只需左右摇杆同时向外打杆（这里要注意一点，用户推杆的幅度决定了画圆圈的大小和完成飞行的速度）。

9.6 冲天飞行，云台朝下，营造大场面效果

冲天飞行是指无人机垂直向上飞行，这样飞行的优点是可以营造出画面的大场景氛围，拍摄对象在画面中越来越渺小，与周围的环境形成了强烈的对比效果。这样的拍摄手法一般用于一段视频的结尾部分。

冲天飞行的操控方式与上升的操控方式是一样的，只是需要调整相机云台镜头垂直90°朝下。左手往上拨动摇杆，逐渐拉高机身，使无人机向上飞行，如图9-8所示。

图9-8 云台镜头垂直90°朝下并拉高机身飞行

9.7 螺旋上升，体现画面酷炫感和独特视角

螺旋上升是指无人机自身旋转的同时，拉高机身，向上飞行，如图9-9所示。这种飞行方式可以增强画面的酷炫感。无人机缓慢向上飞行，拍摄对象越来越小，更好地交代了拍摄环境与背景，体现了画面的空间感。

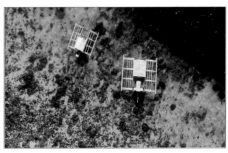

图9-9 无人机自身旋转的同时向上飞行

螺旋上升的操控方法与冲天飞行的方法类似，都是云台朝下，但左手向上拨动摇杆的同时，缓慢往左或往右方向打杆，组合摇杆操作即可形成螺旋上升的效果。

9.8　渐远倒飞，后退的同时，增加飞行高度

渐远倒飞是指无人机向后飞行的同时，增加飞行高度，这样拍摄可以形成居高临下或者纵观全局的观看感，体现场景的宏伟、大气，而且倒飞拍摄也能形成非常强烈的视觉冲击力。图9-10所示就是渐远倒飞拍摄的画面效果。

图9-10　渐远倒飞的画面效果

渐远倒飞的操控方式很简单，具体如下所述。

STEP 01 左手往上拨动摇杆，控制飞行器缓慢上升。

STEP 02 右手向下拨动摇杆，控制飞行器的后退。

STEP 03 左手根据目标情况可以上下拨动云台俯仰拨轮，控制摄像头画面始终以主体建筑为中心。

9.9　侧飞，展现环境左右空间的延伸感

侧飞，顾名思义就是侧向飞行，从目标的一侧飞向另外一侧。一般飞行器如果靠近目标的话，画面遮挡会比较多；如果侧飞过目标的话，画面就会好很多，不会遮挡很多视线。

图9-11所示就是无人机侧飞飞过公园湖上小树林的拍摄效果。

图9-11　无人机侧飞飞过小树林的效果

　　侧飞的方式，在一定程度上加强了画面的运动感与速度感，可以给观众带来身临其境的感觉，也展现了环境左右空间的延伸感。侧飞的操控方法很简单，如下所述。

STEP 01 首先，将无人机飞至主体对象的侧面。

STEP 02 右手向左或向右拨动摇杆，使无人机向左或向右直线飞行。

专家提醒　另外，侧飞还可以俯视侧飞，或者带角度俯视侧飞，也是航拍镜头的不同手法，针对不同对象可以作为很好的画面补充。

9.10　飞越飞行，不停地变化角度，越过主体

　　飞越是一种高级的航拍技巧，无人机朝目标主体飞去，以目标主体为中心，不停地降低相机的角度，最后变为俯视飞过目标。因为相机在不停变化角度，所以画面带给人未知的感觉，航拍镜头就十分有活力。如果能够做到飞越后再回转镜头，是非常有难度的，当然画面也更具吸引力。图9-12所示为飞向建筑主体后俯视飞过的画面效果。

图9-12　飞向建筑主体后俯视飞过的画面效果

　　飞越飞行的操控方法如下所述。

STEP 01 右手向上拨动前进摇杆，使无人机向正前方飞行。

STEP 02 左手同时向内侧拨动云台俯仰拨轮，使云台缓慢朝下，摄像头始终对准目标。

第 10 章

进阶：中级飞手训练，提升拍摄技术

学前提示

　　上一章中进行了 10 组初级飞行动作的训练。当我们掌握了这些基本的飞行技巧后，接下来需要提升自己的航拍技术，学习一些更高级的航拍技巧，比如拍摄时寻找有利的前景，使用循序渐进的镜头拍摄，拍出镜头的速度感以及提高素材的利用率，等等，从而拍出极具吸引力的画面。

10.1　寻找前景，烘托画面的氛围

在航拍照片或视频的时候，寻找一个有利的对象作为前景，可以很好地衬托画面主体，烘托出拍摄氛围，并且借助前景的不断移动变化，可以让镜头看起来更富动感。

图 10-1 所示为航拍的西湖美景。前景为一片湖，湖上一只小船在缓慢地行驶，为整个画面起到了画龙点睛的作用。再往前飞行，画面中的苏堤两侧，树上有一层厚厚的积雪，白茫茫的一片，给人一种非常圣洁的感觉。

图 10-1　航拍的西湖美景

10.2　循序渐进，交代故事的环境

循序渐进是指无人机缓慢地一直向前飞行拍到的镜头画面。在拍摄这种镜头时，首先需要提前确定焦点对象，还要选择合适的构图方式，接下来只需要飞手稳稳地控制遥杆使飞行器向前飞行，飞出这种缓慢拉近的画面效果就可以了。图 10-2 所示为循序渐进向前飞行拍到的效果。在飞行的过程中，还可以使用左手拨动俯仰拨轮，变换不同的拍摄角度，也可以结合侧飞的方式循序前进飞行拍摄。

图 10-2　循序渐进的飞行方式

10.3　对冲镜头，体现画面的速度与冲力

对冲镜头，按照字面意思来说，就是指无人机与移动中的拍摄对象面对面相向运动的镜头，可以表现出拍摄对象的速度与冲力。这种对冲镜头适合拍摄的对象包括汽车、自行车、摩托雪橇、快艇等。最大的难度在于飞手要把握好无人机与拍摄对象之间的距离，并能充分考虑当时气流等环境因素的影响。

图 10-3 所示就是使用无人机拍摄的与汽车之间的对冲镜头，无人机与汽车面对面同时加速，画面极具速度感。

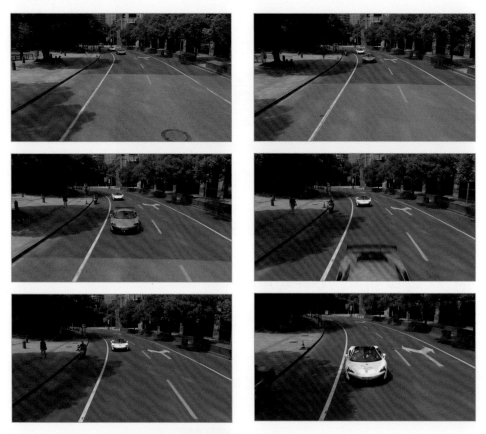

图 10-3　使用无人机拍摄的与汽车之间的对冲镜头

10.4　拍出镜头速度感，这3种方法最实用

一般的多轴飞行器，它的最高飞行速度在 45 千米/小时，而大疆"御"Mavic 2 无人机，在运动模式下，飞行于海平面附近无风的环境中时，最高飞行速度能达 72 千米/小时。因此，如果我们用无人机追车拍摄，难度会比较大，如果汽车的速度过快，无人机很难跟上；如果汽车的速度过慢，拍摄出来的效果又不太真实。那么，如何才能拍出镜头的速度感呢？

　　这里介绍3种方法。一种是无人机贴地飞行，通过前景的不断变化，提升画面的速度感；第2种方法是无人机尽可能贴近目标飞行，跟踪运动的主体进行拍摄，通过不断快速变化的前景环境，来提升画面的速度感。图10-4所示就是无人机近距离拍摄地铁进站的效果。通过后期处理，还可以调整部分片段为快进速度，部分片段为慢速行驶，以形成强烈的对比效果，表现出了地铁在镜头中的速度感。

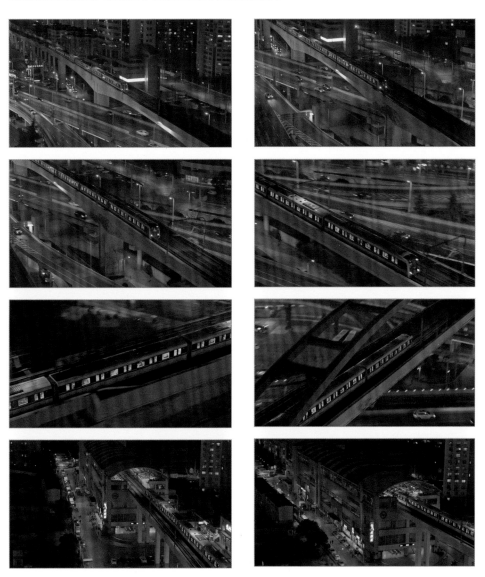

图10-4　拍摄地铁进站的效果

　　要想拍出镜头的速度感，还有一种方法，就是使用中、长焦镜头放大拍摄对象的局部，同时再拍摄出前景速度的变化，这样也能体现画面的快节奏感。

10.5　根据景别调整速度，这样拍更显水平

在航拍的时候，如果拍的是小景别近景，那么无人机的飞行速度可以缓一点、慢一点，就算飞行速度不快，也能看出画面中的运动效果，如图10-5所示。

图10-5　拍小景别可以慢速飞行

如果航拍的是大景别远景，此时无人机的飞行速度就需要快一些，因为大景别没有明显的前景的移动变化，而画面中远处的景物与无人机之间的距离又相对较远，如果这个时候飞行速度也慢的话，那画面中将很难看出运动的效果，整个画面更像一张静态照片。大景别只有采用快速的飞行方式，才能让观众一眼看出镜头的运动变化，如图10-6所示。

图10-6　拍大景别需要快速飞行

10.6　变焦，景别切换更具独特个性

变焦镜头是指在拍摄过程中，通过变换焦距，得到不同远近距离的视角，拍摄出大景别与小景别的对比效果。我们可以借助简单的直线飞行，让取景大小发生连续变化。

大疆的"御"Mavic 2变焦版无人机，就有变焦功能。在拍摄时，可以根据需要切换景别大小，体现视频画面的独特个性。图10-7所示就是采用了变焦功能拍摄到的不同景别的风景效果。

图 10-7　采用变焦功能拍摄到的不同景别的风景效果

10.7　摇镜，扩大单一场景表现空间

摇镜是指当无人机悬停在空中的时候，可以通过操控在摇杆来实现旋转拍摄的运动效果。当我们拍摄同一场景的时候，采用"摇镜"的拍摄方式，可以扩大固定镜头的表现视野，使画面空间展示得更加全面和完整。图 10-8 所示就是采用"摇镜"的航拍方式拍摄的云海效果，场景更加壮丽、辽阔。

图 10-8　采用"摇镜"的航拍方式拍摄的云海效果

采用"摇镜"的方式航拍视频或照片时，摇杆的速度一定要慢，只需略微向左或向右拨动摇杆，让无人机沿顺时针或逆时针方向旋转即可。

10.8 多角度跟随，营造沉浸式体验

多角度跟随拍摄，可以更好地展示拍摄对象。在跟拍的过程中，如果能切换不同的角度，可以使画面更加生动、形象，更具有吸引力。通过运动的镜头可以使观众产生代入感，在多角度跟拍的过程中，如果再结合环绕跟随镜头，可以突出画面的空间延伸感，使拍摄对象与当时的环境产生关联。

图10-9所示的多角度跟随拍摄汽车的影像，就很好地展示了画面的空间延伸感，跟拍过程中采用了环绕跟随镜头，让画面更具吸引力。

图10-9 多角度跟随拍摄汽车的影像

10.9 航拍中的"一镜到底"——长镜头拍摄

"一镜到底"的拍摄方式是指一个连续的长镜头，中间没有任何断片的场景出现。长镜头拍摄的难度较大，但常见于一些电视剧或电影中。要想拍出"一镜到底"的视频效果，飞手在飞行无人机的过程中，一定要控制无人机飞行速度，使飞行缓慢稳定，并保持连贯的运动速度。飞行中还可以适当改变云台相机的朝向，让画面中形成自然的视线转移。

　　图 10-10 所示就是笔者在上海黄浦江上采用"一镜到底"的航拍方式拍摄到的连贯性视频片段，这样的视频不仅具有极强的视觉冲击力，还非常吸引观众的眼球，给观众一种情景代入感。

图 10-10　采用"一镜到底"的航拍方式拍摄的连贯性视频片段

10.10　提高素材的利用率，避免返工

无人机在边飞边拍时，画面是会产生抖动的，会影响视频的画质，这样就有可能导致视频重拍。为了提升航拍素材的利用率，避免返工重拍，我们在航拍大景别的视频或照片时，建议在航拍前先使无人机平稳悬停3秒，当无人机与云台相对稳定后，再按下拍摄键开始拍摄素材。在拍摄的过程中，应使无人机在飞行时尽量缓慢、匀速、平稳运动，移动云台方向的时候也尽量慢一点。在结束拍摄时，也需要使无人机稳定地悬停3秒，再结束拍摄，这样素材的利用率是最高的。

专家提醒 无人机在空中拍摄照片或视频的时候，平稳与慢速的飞行，可使画面更加稳定、清晰，拍出来的照片和视频也更有大片感。

当需要航拍某个镜头时，最好在航拍飞行之前就编排好要拍摄的镜头，从哪个方向拍，从哪里飞行到哪里，等等。事先规划好，可以避免反复拍摄同一个场景。

第 11 章

提高：高级飞手训练，拍出震撼大片

学前提示

　　本章主要介绍 7 种高级的智能飞行模式，包括一键短片、智能跟随、指点飞行、影像模式、兴趣点环绕、航点飞行及姿态模式，每一种飞行模式又包括多种飞行方式。熟练掌握这些飞行模式，可以帮助大家轻松拍出想要的各种航拍大片。

11.1 一键短片，轻松拍出个性短视频

在智能飞行模式中，"一键短片"提供渐远、环绕、螺旋、冲天、彗星、小行星等不同的拍摄方式。无人机会根据所选的模式持续拍摄特定时长的视频，然后自动生成一个10秒的短视频。具体操作方法为，在 DJI GO 4 App 飞行界面中，点击左侧的"智能飞行模式"图标 ![图标]，然后在弹出的界面中点击"一键短片"按钮，进入"一键短片"飞行模式，界面下方将包括6种飞行模式供选择，如图11-1所示。

图11-1 "一键短片"包括6种飞行模式

下面对"一键短片"中的6种飞行模式进行简单介绍。

- 渐远：选择该模式，框选好目标对象，飞行器将进行倒退飞行，并逐渐上升。
- 环绕：选择该模式，飞行器将围绕目标对象，以特定距离环绕飞行拍摄。
- 螺旋：选择该模式，飞行器将围绕目标对象，螺旋上升拍摄。
- 冲天：选择该模式，框选好目标对象，飞行器的云台相机将垂直90°俯视目标对象，然后垂直上升拍摄。
- 彗星：选择该模式，飞行器以椭圆轨迹飞行，绕到目标后面并飞回起点拍摄。
- 小行星：选择该模式，可以完成一个从全景到局部的漫游小视频，非常吸引眼球。

这里选择"冲天"模式为例，此时界面中提示"点击或框选目标"。用手指框选拍摄目标，标记为目标点，点击"GO"按钮，如图11-2所示，飞行器将自动飞行拍摄。

图11-2 选择"冲天"模式

图 11-3 所示为"一键短片"下"冲天"模式的视频录制效果。

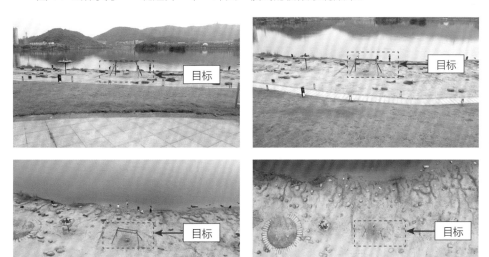

图11-3　"一键短片"下"冲天"模式的视频录制效果

11.2　智能跟随，轻松跟拍人物与汽车

智能跟随模式是基于图像的跟随，可以对人、车、船等移动对象有识别功能。需要用户注意的是，使用智能跟随模式时，无人机要与跟随对象保持一定的安全距离，以免造成人身伤害。具体操作方法为，在"智能飞行模式"中选择"智能跟随"模式后，在屏幕中通过点击或框选的方式，设定跟随的目标对象，如图 11-4 所示。

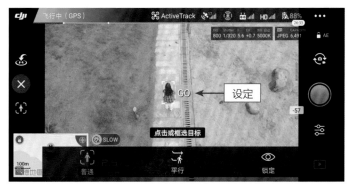

图 11-4　设定跟随的目标对象

在界面中点击"GO"按钮，开始启动"智能跟随"模式。目标对象向前跑，无人机将跟随对象智能飞行，用户按下视频录制键，即可以开始录制短视频。图 11-5 所示就是用"智能跟随"模式录制的视频画面效果。

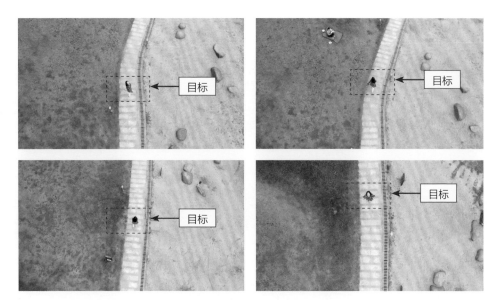

图11-5　使用"智能跟随"模式录制的视频效果

11.3　指点飞行，自定义无人机飞行模式

指点飞行是指指定无人机向所选目标区域飞行。主要包含3种飞行模式，分别是正向指点、反向指点以及自由朝向指点，用户可根据需要进行选择，如图11-6所示。

图11-6　指点飞行的3种模式

下面对"指点飞行"中的3种飞行模式进行简单介绍。

- 正向指点：无人机向所选目标方向前进飞行，前视视觉系统正常工作。
- 反向指点：无人机向所选目标方向倒退飞行，后视视觉系统正常工作。
- 自由朝向指点：无人机向所选目标前进飞行，用户可以用摇杆自由控制航向。

选择相应的"指点飞行"模式后，点击屏幕中的"GO"按钮，即可进入"指点飞行"模式。图11-7所示为"正向指点"模式下录制的视频效果。

图 11-7　"正向指点"模式下录制的视频效果

11.4　影像模式，最稳、最清晰的拍摄方式

使用"影像模式"航拍视频时，无人机将缓慢减速飞行直至停止，延长了无人机的刹车距离，也限制了无人机的飞行速度，可使拍摄出来的画面稳定、流畅、不抖动。

点击左侧的"智能飞行模式"按钮 🔘；在弹出的界面中点击"影像模式"按钮，弹出提示信息框，告知用户关于影像模式的简介，点击"确认"按钮，如图 11-8 所示，即可进入影像模式。在该模式下，无人机将缓慢飞行，用户可以通过左右摇杆来控制无人机的飞行方向。

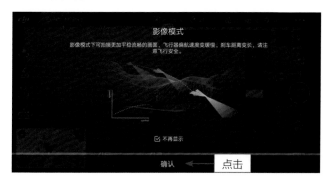

图 11-8　告知用户关于影像模式的简介

11.5　兴趣点环绕，实现自动刷锅效果

"兴趣点环绕"模式在飞行圈里俗称"刷锅"，是指无人机围绕用户设定的兴趣点进行 360° 的旋转拍摄。在"兴趣点环绕"模式下，用户可以自由设定环绕的半径、高度及速度等参数，如图 11-9 所示。

图11-9 "兴趣点环绕"
模式

点击"GO"按钮,即可开始进行"兴趣点环绕"拍摄,视频效果如图11-10所示。

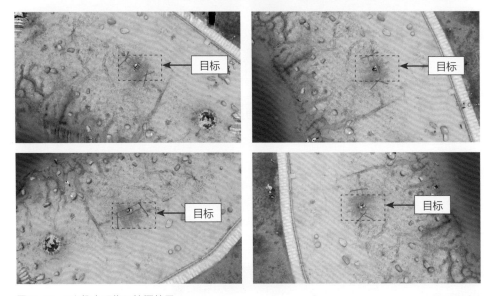

图11-10 "兴趣点环绕"拍摄效果

11.6 航点飞行,根据航线路径指引飞行

无人机拍摄视频对于新手来说最大的困难是不易控制稳定性,毕竟没有一年以上的练习,很难拍到一段稳定、顺畅、不抖动的航拍视频。而大疆DJI GO 4 App内置的"航点飞行"就可以让新手也如老司机般拍摄出流畅的航拍视频。

起飞无人机后,在飞行界面中点击左侧的"智能飞行模式"按钮🤖;在弹出的界面中点击"航点飞行"按钮,如图11-11所示。

如果你是第一次进行航点飞行,建议多花一点时间看一下引导视频,里面有航点规划的详细引导,如图11-12所示。

图 11-11　进入 "航点飞行" 模式

图 11-12　航拍规划的详细引导

退出引导后，用户就可以开始设计规划自己的航点了。航点规划简单来说，就是在地图上预先设定无人机要飞行经过的航点，航点参数包含了无人机的高度、朝向和云台俯仰角。当无人机执行航点飞行后，在经过航点时会智能调整至预先设定的高度、朝向和云台俯仰角进行拍摄，而且飞至下一航点时，航点参数的切换过程极为顺畅，这也就是航点飞行拍摄出来的视频如此流畅的主要原因。

在地图上所需要的位置直接点击，就可以添加航点，点住航点并拖动就可以修改航点位置。界面下方有 6 个与航点相关的参数可以设置，高度就是无人机到达航点时的飞行高度，速度参数既可以为巡航速度，全程按统一的速度拍摄，也可以单独为某个航点之后的飞行单独设置，如图 11-13 所示。

图 11-13　设置航点飞行参数

飞行朝向默认是跟随航线，也就是逐渐对准航线的方向，笔者建议用户采用自定义朝向，这样可以上下滑动屏幕调整无人机朝向，使拍摄更加精准，如图 11-14 所示。

图 11-14　飞行朝向默认是跟随航线

如果用户拍摄的主体目标非常明确，可以点击"航点飞行"功能栏中的第 2 个兴趣点图标⚙，如图 11-15 所示，在地图上添加拍摄主体兴趣点，并设定兴趣点高度。

图 11-15　兴趣点添加

在设定航点时，也可以关联兴趣点，让无人机飞至该航点时朝向兴趣点并且调整云台俯仰角以对准拍摄主体兴趣点，如图 11-16 所示。

图 11-16　设置兴趣点飞行各参数

🔸**专家提醒**　如果用户对于地图中的拍摄目标或无人机位置不熟悉，在航点飞行前可以先把飞行界面中的无人机（红色纸飞机图标）按航线手动操控飞行一次，以确保航线无误。在航点飞行时，如果发现无人机的飞行有偏差，可以随时点击暂停按钮或红色"×"停止按钮停止拍摄。

规划好航线后，还可以保存在任务库中，方便以后拍摄时调用，如图 11-17 所示。

用户可以提前设定好航点，然后多拍摄几次以对航点参数做微调，如图 11-18 所示，最后在光线达到最佳的情况下调出航点任务直接执行拍摄，拍摄很容易就一次通过。

图 11-17　航点规划保存在任务库中

图 11-18　多拍摄几次进行航点参数微调

11.7　姿态模式，只用传感器保持飞行姿态

姿态模式是一种不使用 GPS 和视觉系统，只用气压计等传感器保持飞行高度和飞机姿态的飞行模式。在姿态模式下，无法使用避障和自动返航等功能，而且飞行器在空中受风力的影响也容易左右前后漂移，这个时候只能完全依靠手动操作摇杆来控制无人机的稳定性。

那么，为什么无人机会进入姿态模式呢？这里有以下两种情况。

第一种，主动进入姿态模式，"精灵"（Phantom）和"悟"（Inspire）系列无人机可以通过遥控器来切换飞行模式，姿态模式是 A 挡。

第二种，被动进入姿态模式，是指无人机当前飞行的环境不理想，无法使用 GPS 定位与视觉定位功能，此时无人机会自动进入姿态模式。

当无人机进入姿态模式后，新手用户要尽量找一个安全的地方降落无人机，因为姿态模式下操控无人机的难度会很大，操作不当很容易炸机。如果用户已经可以熟练掌控无人机姿态飞行，适当使用姿态模式反而可以使视频画面更加稳定，亦能提高室内飞行的安全性。

航拍技巧篇

第 12 章

取景：经典构图快速提升照片表现力

学前提示

　　俗话说，一张好的航拍照片，三分靠拍摄，七分靠处理。但如果没有好的原片，再厉害的后期技术也处理不出好画质的照片。在拍摄的过程中，构图尤为重要，构图直接影响画面的表现力。同样的主体，不同拍摄角度，可以让画面产生不同的感觉。本章主要介绍航拍照片的构图技法。

12.1　三分法，平衡画面空间感

三分法在航拍中是一种非常经典的构图手法，指将画面横或竖向分成三等份。如果细分三分线构图的话，又包括上三分线、下三分线、左三分线、右三分线等。下面以横竖两个角度为例，详细介绍三分法的拍摄技巧。

1. 横向三分法

图12-1所示是在广东汕头南澳岛航拍的一张照片，这是采用上三分线构图的画面，天空和天边的云彩占了画面的上三分之一。

整张照片中，近景为山顶的石头与人物，中景为延绵起伏的山脉，远景为大海，整个画面给人一种非常辽阔的感觉。这样的取景拍摄不仅突出了画面的重点，平衡了画面的空间感，还聚集了观众的视线。

图12-1　在广东汕头南澳岛航拍的一张上三分线构图的照片

图12-2所示的这张照片，也是一张上三分线构图的照片，天空和夕阳占了画面的上三分之一，橘黄色的夕阳衬托出整个画面的色感，显得非常唯美、柔和。地景占了画面的下三分之二，与天空的景色形成了强烈的对比。

图 12-2　上三分线构图航拍的夕阳景色

图 12-3 所示是一张下三分线构图的照片，地景占了画面的下三分之一，天空占了画面上三分之二。天空中的云彩有非常美的层次变化，无人机在空中有画龙点睛之效。

图 12-3　下三分线构图的照片

2. 纵向三分法

纵向三分法是以纵向分割的方式来布局画面中的对象，使照片整体布局上更加均衡。

图12-4所示是在上海高空航拍的城市建筑。这是上海最有名的3大建筑，最高的楼放置在画面的右侧三分线位置。高空中的云海特别有层次感，让人有一种身临仙境的感觉。

图12-4　在上海高空航拍的城市建筑

三分法构图能让视觉更加鲜明。三分法构图有下述两个技巧。

一是突出构图的主体，即将三分线的位置放在主体对象上。

二是衬托构图的主体，即将三分线的位置放在陪体对象上，来衬托位于画面另三分之二位置的主体。

图12-5所示这张照片，是一张非常均匀的纵向三分法构图的照片，无人机以俯拍的方式，均匀地将画面分成三等份，树木、沙滩、海水各占画面的三分之一，颜色对比强烈。

图 12-5　非常均匀的三分法构图的照片

　　上面这张照片，如果以横向三分法构图来拍摄，即将无人机进行 90° 旋转，使竖拍变为横拍，整体的感觉也是非常不错的，如图 12-6 所示。

图 12-6　以横向三分法构图拍摄的海滩照片

12.2 居中法，汇聚观众的视线

　　航拍的时候，如果拍摄的主体面积较大，或者极具视觉冲击力，可以把拍摄主体放在画面最中心的位置，采用居中法进行拍摄，如图 12-7 所示。

图 12-7　采用居中法拍摄的岛屿全景

　　图 12-8 所示的阿尔山天池照片，也是采用居中法航拍的，能汇聚观众视线。

图 12-8　采用居中法航拍的照片效果

12.3　对称法，给人一种庄重感

　　对称法是一种非常均衡的构图。在航拍的时候，寻找比较对称的图案、建筑作为航拍主体，进行对称式构图，可使画面看上去更加协调、稳定。图 12-9 所示这张照片中，城市建筑、绿化树林都是对称式构图的，整个画面给人一种庄重感。

图12-9　对称法构图拍摄的城市建筑

　　图 12-10 所示是大桥景色的航拍照片，也是采用对称式构图手法拍摄的。

图12-10　采用对称式构图手法航拍的大桥景色

12.4　对角线，具有一种斜线美感

　　对角线是以斜线构图，利用画面中的线条元素来引导观众的视线。将画面中的人物、汽车等元素放在对角线上，可让静态的画面显得更富动感、更有活力，更能吸引观众的眼球。图12-11所示照片中，以公路为对角线进行构图，体现画面延伸感。

图12-11　以公路为对角线进行构图

　　图12-12所示是以对角线构图拍摄的集装箱，极具线条美感。

图12-12　以对角线构图拍摄的集装箱

12.5　框式法，让照片瞬间高大上

　　框式构图，也叫框架式构图，其主要特征是借助某个框式图形来构图。这个框式图形可以是规则的，也可以是不规则的，主要是利用主体周边的物体构成一个边框，起到突出主体的效果。图 12-13 所示照片中，屋檐的瓦片上落满了白雪，四合院中的景色犹如一幅黑白画，被四周的雪景框起来了，这是一幅典型的框式构图照片。

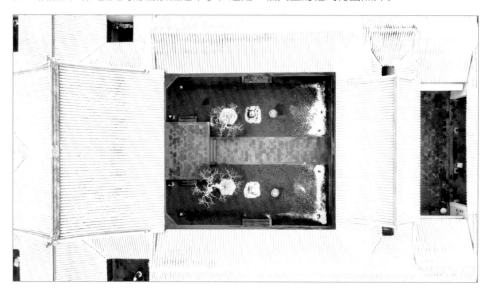

图 12-13　框式构图航拍的四合院景色

　　图 12-14 所示是傍晚时分拍摄的四合院景色，院内的人们正在用餐。

图 12-14　傍晚时分拍摄的四合院景色

12.6　汇聚线，使画面更显空间感

汇聚线是指画面中的线条元素向相同的方向汇集、延伸，使画面具有极强的空间感。一般线条数量在两条以上，才能产生汇聚线的效果。图 12-15 所示的乡间田野，多条汇聚线向远方延伸，使画面显得更有张力和视觉冲击力。

图 12-15　乡间田野的汇聚线效果

图 12-16 所示的荒漠地带，公路两侧形成了明显的汇聚线效果，将观众的视线引向远方，从而更加突出照片中的细节部分，如行驶的汽车、停留的汽车、秋日的草地等。

图 12-16　荒漠地带公路的汇聚线效果

12.7　横幅全景，感受辽阔的上空视野

全景构图的优点有两个，一是画面内容丰富大而全；二是视觉冲击力很强，极具观赏性。使用无人机拍摄全景的方法有两种，一是采用无人机本身自带的全景摄影功能直接拍摄；二是运用无人机进行多张单拍，拍完后通过软件进行后期接片。在拍摄全景照片的时候，要快并且稳，每张照片的拍摄时间最好不要超过一分钟，否则全景照片上的东西（如桥上的车、河中的船、建筑灯光等）会有变化。

在无人机的拍照模式中，有4种全景模式，分别为球形、180°、广角和竖拍，如图12-17所示。如果要拍横幅全景照片，应选择180°的全景模式。

图12-17　无人机中的4种
全景模式

图12-18所示是在空中拍摄的城市全景照片。城市中各种特色建筑物林立，具有很强的现代感，全景照片使视野更加辽阔。

图12-18　空中拍摄的城市全景照片

下面再展示3张笔者在上海黄浦江上空拍摄的城市全景照片，分别是天气晴朗的白天、傍晚时分及冬日雪景中拍摄的城市全景，时间不同、天气不同、角度不同，给观众的感觉也不同，如图12-19所示。

图12-19　在上海黄浦江上空拍摄的城市全景照片

12.8　竖幅全景，展现画面上下延伸感

竖幅构图的特点是狭长，而且可以裁去横向画面多余的元素，使画面更加整洁，主体突出。竖幅全景照片给观众一种上下延伸的感受，可以将画面的上下部分的各种元素紧密地联系在一起，从而更好地表达画面主题。

　　图 12-20 所示是两张竖幅的城市夜间全景照片，城市建筑物在夜晚灯光的衬托下，五颜六色、闪闪发光，画面极美。

图 12-20　两张竖幅的城市全景照片

　　下面再展示 3 张笔者拍摄的竖幅全景照片，画面极具延伸感，如图 12-21 所示。

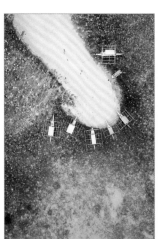

图 12-21　笔者拍摄的 3 张竖幅全景照片

第 13 章

光影: 航拍镜头逆光的魅力拍法

学前提示

　　逆光是指拍摄对象刚好处于光源和相机之间的情况, 光源处于相机的正前方。这种情况容易使拍摄对象曝光不足。不过逆光可以出现眩光的特殊效果, 也是一种极佳的艺术摄影技法。本章主要对逆光的航拍技法进行详细介绍。

一般航拍照片的时候，大多采用侧光，这样拍摄可以使场景既有高光也有阴影，使景色或主体具有很强的立体感。有时，笔者也会采用顺光，因为顺光拍摄不受大气雾霾的干扰，可以表现场景的深度。不过，在笔者看来，航拍中最有魅力的还是要数逆光拍摄。逆光拍摄虽然有层次不足、容易产生光雾的缺点，但如果运用得恰当，可以扬长补短，发挥出独特的魅力。

既然是逆光拍摄，拍摄时就需要对着太阳，所以一般会选择太阳升起或落下时拍摄。因为那时太阳高度比较低，逆光的航拍镜头就很容易获得。笔者观摩了很多网上优秀的航拍短片，从中挑选了一些优秀的作品进行分类、归纳，笔者发现，逆光拍摄主要的应用还是取决于拍摄对象，不同的拍摄对象就有不同的拍摄手法。本章将从逆光的多种表现手法来详细介绍逆光拍摄的技巧。

13.1　表现云彩，逆光下的水天一色更具魅力

逆光的第一个表现对象是云彩，典型的拍摄对象就是彩霞，尤其是日出日落时分的火烧云。这个时候，我们要做的就是对准云彩测光，降低曝光值，让云彩准确曝光。

航拍镜头要基本上一直对准云彩，直飞、侧飞都可以，如果可以飞低一点，带入前景，效果会更好一些。由于采用逆光拍摄，云彩在太阳前面更具通透性，颜色更丰富，如图13-1所示。

图13-1　逆光下云彩在太阳前面更具通透性且颜色更丰富

另外，如果逆光拍摄时下方有水面的话，还可以贴近水面飞行，表现倒影，水天一色的逆光镜头更具魅力，如图13-2所示。

图13-2 水天一色的逆光镜头更具魅力

13.2 表现剪影，对画面进行准确曝光

逆光的第二个表现方式是剪影，典型的拍摄对象是建筑物、桥梁、钟塔、山峦等，这些目标在逆光下的剪影效果特别棒，如图13-3所示。

图13-3 城市建筑逆光下的剪影效果

　　拍摄逆光剪影效果时，我们要做的就是降低曝光值，让远处云彩天空准确曝光，前景目标曝光不足甚至完全没有，从而形成剪影的效果。图13-4所示为山峦的剪影效果。

图13-4　山峦逆光下的剪影效果

13.3　表现前景也展现背景，让画面具有层次感

　　逆光的第三个表现方式是前景和背景全部表现，以逆光云彩为背景，以前景为主要目标。图13-5所示照片中，前景为城市高楼建筑，背景为云彩，画面极具层次感。

图13-5　城市建筑的前景和背景全部表现

在这种逆光的表现手法下，曝光值既要照顾背景，也要照顾前景。在实际拍摄的时候，可以让画面略微曝光不足，后期再把暗部拉回来。这种航拍手法可以拓展画面的动态范围，在远处云彩背景恰当曝光的同时，使前景也恰当曝光，整个画面充满视觉深度，令人过目不忘。

图13-6所示照片中，前景为乡村房屋全景，背景为延绵起伏的山脉，画面在夕阳的照射下具有炫光效果，整个画面有极强的表现力。

图13-6　乡村建筑的前景和背景全部表现

💡专家提醒　利用逆光构图拍摄，可以增强拍摄对象的质感，增加画面的整体氛围和渲染性，此外还有很强的视觉冲击力，并且能够增强画面的纵深感！

在逆光环境下，树木、山峦的阴影看上去更具立体感，不同的阴影位置可以创造出不同的画面效果。同时，画面的明暗对比也非常强烈，为画面增添了活力和气氛。另外，背景中的夕阳作为画面的陪体，让画面色彩更加浓烈，起到很好的烘托作用。

13.4　表现高调画面，让整个画面充满阳光

逆光的第四个表现方式是高调画面，就是使画面整体曝光过度，高光占了大部分画面，使整体画面充满阳光暖意。高调画面还可以表达光线的变化，太阳光在逆光下曝光过度的情况下，可以呈现独特的光线效果，如图13-7所示。

最后提醒大家，因为逆光拍摄时曝光不容易掌握，而曝光不足的话后期调整会带来噪点问题，所以需要强大的后期处理能力。另外，为了使画面呈现出绚丽的色彩，还需要有很强的调色能力，这样整个画面才能达到理想的效果。

图 13-7　画面整体曝光过度表现出高调色彩

13.5　表现阳光，"耶稣光"总是令人神往

逆光的最后一个表现对象是阳光本身。航拍时通过飞行使太阳和光线时有时无，太阳光线在露出的一刹那达到高潮，令人神往，如图 13-8 所示。

图 13-8　太阳光线露出时的"耶稣光"效果

航拍实战篇

第 14 章

航拍: 拍摄这些题材最容易出大片

学前提示

　　使用无人机进行航拍摄影时, 哪些题材最受观众喜爱呢? 航拍哪些目标对象最容易出大片呢? 本章将介绍九大航拍题材, 即人像照片、高空平流雾、日出日落、沙滩海面、古镇全景、城市高楼、璀璨夜景、桥梁车流及海岛全景, 选好拍摄的角度, 取好景, 再配上合适的光线, 就很容易出大片。

14.1 航拍多人/单人照片

每次出去旅游的时候，最头痛的事情就是让别人帮我们拍照，很多人并不是专业摄影师，拍摄出来的照片往往是模糊、抖动的，画面质感很不好。如果我们用无人机来拍摄人物照片，就方便很多了。角度、光线、场景都可以由我们自己来选择，这样就能轻松拍出美美的家庭合影或单人照片了，如图 14-1 所示。

图 14-1　航拍家人合影
照片

上面这张航拍的家庭合影照片，画面非常温馨，一家人面对着无人机镜头，表现得非常快乐。使用无人机航拍人物照片时，还可以运用平视的角度进行拍摄，如图 14-2 所示，将人物放在黄金分割点上，有画龙点睛之效。

图 14-2　运用平视的角度进行自拍

14.2　航拍高空的平流雾

　　平流雾是当暖湿空气平流到较冷的下垫面上，下部冷却而形成的雾。平流雾能将城市中的建筑物"缠绕"其中，使人们觉得如临仙境。

　　上海的黄浦江上经常会出现平流雾，层层白色的轻雾在空中缓缓流动，黄浦江两岸的建筑物被平流雾包围笼罩着，宛如仙境，如图 14-3 所示。

图 14-3　平流雾将城市建筑包围起来了

　　用无人机航拍平流雾是一种高级的航拍技术，需要飞手有很丰富的航拍经验才可以完成。由于大疆的无人机默认情况下设置的飞行高度是 120 米，我们首先需要将飞行高度修改为 500 米，这是因为平流雾出现的位置比较高。修改为 500 米后，就可以自由地飞行了。在中国的部分地区飞得过高是违法的，我们要遵守当地的飞行政策，在飞行之前最好查一下限飞的信息条款。

　　上海陆家嘴的三大建筑，经常被平流雾包围，平流雾会掩盖住建筑物的顶部。我们可以找个空旷的地方起飞无人机，穿过平流雾，继续往上飞，就能看到被掩盖的建筑物顶部了，这个时候可以航拍出海市蜃楼般的摄影作品。

14.3　航拍日出与日落照片

　　日出与日落是非常美的自然风景，如城市中的日出日落、高山顶上的日出日落、村庄的日出日落等，配着天边的朝霞或晚霞，呈现出一片火烧云的效果，场面十分吸引人。图 14-4 所示就是笔者在高山之上航拍的日出景色，太阳慢慢地升起，山谷里面的云雾还没有散开，有一种人间仙境的感觉。

　　航拍日出与日落风景时，一定要计算好日出与日落的时间，根据季节不同日出与日落的时间也会不同。要提前半小时到达拍摄地点，然后构图取景，找好最佳位置后，就可以等待日出与日落了。日落黄昏的景色非常美，但时间很短暂，有时候仅仅 5 分钟，太阳就下山了，火烧云也慢慢褪去了绚丽的色彩，呈现一片灰色。

图14-4　高山之上航拍的日
出景色

14.4　航拍海面照片

　　每个人心中都有一片大海，因为它辽阔。"面朝大海，春暖花开"是大家都期待的场景。面向大海看向远方的时候心情特别舒畅，海风吹拂在脸上，感觉很凉爽。所以很多人对大海都有一片向往之情，这一类的照片也特别受观众喜爱，如图14-5所示。

图14-5　航拍海面风光照片

　　航拍这一类题材的风光照片时，要拍出海面的动感与波浪，才能给人更好的代入感。以三分线的构图方式，将海平线放在画面上三分线位置，天空和云彩占画面三分之一，海面风景占画面三分之二，这样的取景方式是非常和谐的布局。

　　航拍海面风景时，如果太阳光线从云层里面透出来，画面将更加具有感染力，如图14-5所示，整个画面以暖色调为主，感染力十足。

14.5　航拍古镇全景照片

　　古镇在我们的印象里，是那种有百年历史的古代建筑群。在现在这个时代来看，古镇别具一番风味。随着城市生活、工作的节奏加快，很多人都想去古镇旅游，想在那种慢节奏的生活环境里，好好放松心情，静静享受美好时光。

图14-6所示是湘西有名的凤凰古城。傍晚的凤凰古城，添上了很多人造灯光，灿烂夺目。凤凰古城两侧的古建筑房屋建于沱江之上，非常有历史年代感。傍晚的灯光五颜六色，很好地衬托了整个古镇的全景。

航拍这种古建筑时，要选择合适的位置，航拍出整个古镇的全貌，呈现出非常大气、宏伟的画面。这张凤凰古城的照片，就给人很震撼的感觉。夜色下的古镇，在灯光的衬托下格外亮眼。在拍摄时，以古镇为前景，以延绵的山脉为背景，仿佛一幅很好的山水画。

图14-6　航拍凤凰古城夜景

14.6　航拍城市高楼照片

城市与古镇是两种完全不同的建筑风格。采用横幅全景的方式来航拍城市高楼是最有吸引力的，一排排城市建筑林立，能给人一种希望，一种奋发向上的动力。图14-7所示为上海城市高楼风光。

除了横幅全景比较适合拍摄城市建筑外，还可以采用竖幅构图的方式，将无人机飞到建筑物的上方，然后以"上帝视角"来俯拍，也能体现出高楼林立的感觉，如图14-8所示。

在城市中起飞航拍，一定要先查查该区域是否属于限飞或禁飞区域。现在很多城市都禁飞，在禁飞区域起飞无人机是违法的。

图14-7　上海城市高楼风光

图14-8　竖幅构图的城市建筑
风光

14.7　航拍璀璨夜景照片

　　夜景最大的亮点在于人造灯光，它既是构成画面的一部分，又给夜景的拍摄提供了必要的光源。如果拍摄的夜晚景色没有人造灯光的照射，那么画面的效果会大大减弱。所以，整个画面有灯光的衬托，才显得璀璨夺目，更加吸引观众的眼球。

图 14-9 所示是航拍的某古镇的夜景，灯光效果非常绚丽，船只在河中行驶，整个画面极具动感，冷暖色彩的对比也很明显，视觉冲击力强。

图 14-9　航拍的某古镇的夜景

上图拍摄的是古镇夜景，图 14-10 则是上海的城市夜景航拍，高楼林立，城市建筑的灯光光芒四射，非常绚丽，这样的夜景也很漂亮。

图 14-10　航拍的上海城市夜景

夜景是无人机摄影的难点，航拍者需要具备一定的技巧才能拍好。首先要打开无人机中的"纯净夜拍"模式去拍摄。在光线不足的夜晚拍摄时，使用"纯净夜拍"模式可以提升亮部和暗部的细节呈现，并且由于其更强大的降噪能力，使拍摄出来的夜景照画质更好。

14.8 航拍桥梁车流照片

桥梁也往往是一个城市的代表建筑。拍摄桥梁的构图方法有很多，最典型的是斜线构图和透视线构图。透视构图可以通过镜头夸大画面的距离感，并且压缩画面的空间感，近大远小是基本的透视规律，可以增加画面的立体感。

图14-11所示就是采用透视构图拍摄的桥梁车流效果，这样拍摄桥梁可以让画面更有视觉张力，纵深感更强，更具线性美感。

图14-11 透视构图拍摄的桥梁车流效果

🔆专家提醒 在远处拍桥，可以体现桥的整体特点，还可以将周围的景物也容纳进来，如水面、天空、城市建筑等，使画面内容更加丰富，整体更显大气、恢宏，以获得更好的航拍效果。笔者拍摄上面这张照片时，天空中的云彩并不多，天色有些灰暗。如果是云彩较多、形态较为美观的时候，可以在拍摄时适当增大天空中景色的比例来衬托桥梁，使整个画面更加唯美。

14.9 航拍海岛全景照片

人们都喜欢美好的事物，而海岛因其四面环海、风光极美，占了极大的地理优势，因此也被大多数人向往。航拍海岛类照片时，建议拍出岛屿的全景、全貌，这样能看出整个岛屿的形态。图14-12所示是笔者在菲律宾拍摄的一座岛，整个岛屿像一只微笑的眼睛，也有人称笑眼岛。

在拍摄海岛类片时，除了使用全景的航拍方式外，还可以以垂直90°的方式来俯拍岛屿的局部细节，这样航拍出来的效果也是极美的。图14-13所示为图14-12所拍岛屿的局部俯拍效果。

图14-12　航拍海岛全景照片

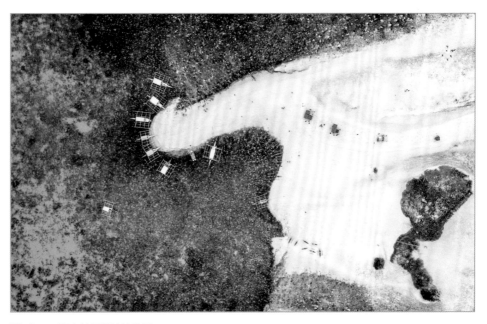

图14-13　海岛的局部俯拍效果

第 15 章

视频：拍出精彩电影级视频画面

学前提示

  使用无人机航拍视频比航拍照片的难度要大很多。航拍视频需要更高超的飞行技术，拍摄的画面一定要稳，如果画面抖动、飘浮不定，那拍摄出来的视频画质肯定达不到要求。本章主要介绍 8 种航拍视频的方法，希望读者熟练掌握本章内容，拍出理想、大气的视频画面。

15.1　航拍镜头一：向前镜头的拍法

　　一直向前的镜头是飞行中最简单的飞行招式，用途也比较明确——表现前景。一直向前的航线不仅是最简单的飞行航线，也是最安全的飞行航线。因为相机镜头朝前，用户可以看到无人机前方的飞行环境是否安全，遇到障碍物的时候也方便及时躲开。如果地面有大范围美景或者大范围场景活动，就适合一直向前的飞行航线。下面介绍向前镜头的 4 种拍摄技巧。

　　（1）无具体目标的前进飞行，用于交代影片的环境。飞行器在场景中前行，简单展现航拍画面。

　　（2）对准具体的目标前进飞行。拍摄对象就是目标本身，画面由小变大，由模糊变清晰，直接在观众面前展示所拍摄的目标。

　　（3）为了使画面更富感染力，在低空飞行的时候还可以做摄像头抬起的动作，当飞行器飞过或穿过前景，画面立马就生动起来了。前进并上升的镜头富有超强的感染力。

　　（4）前进俯视镜头。在前进的过程中，不断降低摄像头，一直对准目标，最后甚至达到完全俯视的效果，如图 15-1 所示。

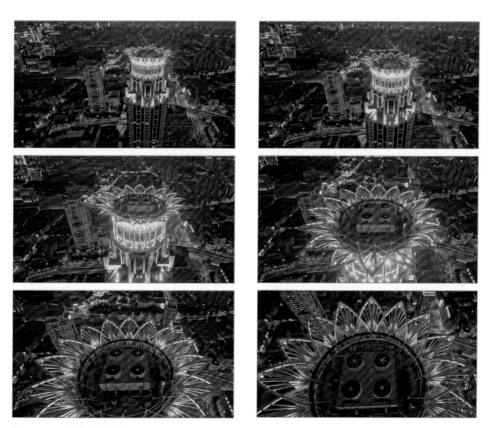

图 15-1　一直向前的航线

一直向前的镜头比较适合应用于低空飞行，飞行时要有前景衬托。紧贴前景往前飞行，就能呈现出画面的变化，这样的视频更加生动、形象。

15.2 航拍镜头二：向前拉高的拍法

一直向前逐渐拉高的拍法是指无人机首先以较低的高度向前飞行，在接近拍摄对象时逐渐向上飞行，从物体上方飞过，如图15-2所示。

图15-2 一直向前逐渐拉高的航拍方法

15.3 航拍镜头三：旋转镜头的拍法

旋转镜头是指无人机飞行到指定位置后，旋转机身进行拍摄。如图15-3所示，就是围绕上海陆家嘴的三大建筑物以旋转镜头拍法拍摄的。操作摇杆的时候，只需要左手向左或向右打杆，即可控制无人机向左或向右旋转。点击"录制视频"按钮，即可拍摄视频画面。

旋转镜头是笔者最喜欢的拍法，实际拍摄非常有难度。旋转镜头不是环绕镜头，环绕镜头始终有个明确的目标存在，操控也相对容易。而旋转镜头是要从无到有，航拍需要精准掌控，才能获得希望的画面。因为旋转，所以观众不知道后面会出现什么样的画面，镜头充满了未知。下面介绍旋转镜头的4种拍摄技巧。

（1）原地旋转，也是旋转镜头中最简单的镜头语言。飞行器悬停在空中，控制飞行器进行旋转，拍摄飞行器所在的环境，有点像我们所说的环顾四周。

（2）上升旋转，拍摄的时候还拉近了一些与拍摄目标的距离，画面更加生动。在旋

图 15-3　旋转机身进行拍摄

转的时候，也可以控制摄像头的角度以拍摄远景或者对准拍摄目标。

（3）前进旋转，前进旋转是指在前进的过程中加入了旋转动作，逐渐让画面从一个角度变化到另外一个角度。前进旋转的第一种拍摄手法是有明显的拍摄目标；另一种前进旋转手法不像前进镜头那么直接拍摄目标，在旋转的时候也间接拍摄了目标周围的环境。

（4）后退旋转，与前进旋转镜头相比较，后退旋转镜头更加富有动感，出现在画面中的景色永远是观众关注的焦点，而观众对此也充满了期待。

可以看得出来，旋转镜头是航拍精华拍摄手法。因为是在空中，不像普通摄像机因摇臂而有所限制，画面镜头可以更加丰富，运动可以更加多样。与之相对应的是，需要拍摄者具备极强的画面控制能力。拍摄之前想想看，我们到底需要什么样的镜头、什么样的画面、什么样的效果。只有想清楚了，才能更好地满足剧情的需要，拍摄出极具吸引力的航拍镜头。

15.4　航拍镜头四：俯仰镜头的拍法

俯仰，顾名思义就是镜头向上和向下运动。航拍俯仰镜头很少单独使用，一般都会结合其他镜头组合运用，这里主要指飞行幅度不大的俯仰镜头。

下面介绍俯仰镜头的 2 种拍摄方法。

（1）一般航拍运用最多的就是镜头向上运动，先从低角度的俯视开始，镜头慢慢抬起，展现视频所要表达的环境，图 15-4 所示为云台相机慢慢抬头的视频拍摄效果。

（2）镜头向下运动则相反，由环境入手，最后过渡到拍摄对象。

俯仰镜头也经常运用在跟踪快速物体的镜头中，当无人机的速度跟不上的时候，就可以使用镜头俯仰进行跟踪。

图15-4　云台相机慢慢抬头的视频拍摄效果

　　俯仰拍摄很容易操作，但实际拍摄过程中一般都会结合其他的镜头运动组合拍摄，这样拍摄出来的视频效果更佳。

15.5　航拍镜头五：环绕镜头的拍法

　　环绕镜头，顾名思义，就是绕着目标进行环绕全方位拍摄，镜头大部分时间均指向目标。图15-5所示为环绕镜头航拍的视频画面效果。

　　环绕俗称"刷锅"，在大疆没有推出兴趣点环绕智能飞行模式之前，这属于高难度的

图15-5　环绕镜头航拍的视频画面效果

拍摄技巧，对飞手的操控技术有极为精准的要求。在操作时，左右手要同时进行操作，不停调整旋转和侧飞的速度，最后达到平衡以使摄像头能始终对准目标。现在，大疆有了智能飞行模式后，环绕镜头变得非常简单，一键操作即可，就连一个刚入门的新手都能飞得很好，还非常稳定。

下面介绍环绕镜头的5种拍摄技巧。

（1）圆周环绕。在环绕拍摄时，要根据目标和场景来选择合适的拍摄角度和距离。

（2）环绕镜头也可以拍摄出侧飞镜头的效果，从多角度呈现主体，在环绕过程中产生主体景别变化，增强画面动感。

（3）环绕镜头也可以通过拉近或远离改变无人机与目标之间的距离，远离表现环境，拉近表现目标本身。

（4）环绕镜头还可以改变高度，在环绕的同时拉升或下降无人机。

（5）最后是组合拍摄方式，在环绕拍摄的时候，可以组合改变距离、高度和视角。在实际运用中，可以运用到其中的两两组合，视频效果要比常规的兴趣点环绕好很多。

15.6　航拍镜头六：侧飞镜头的拍法

航拍时通过侧向或者斜向飞行，从侧面拍摄目标和目标环境，如同侧向展开了一幅画轴一般，不断从一侧出现新的画面，如图15-6所示。

图15-6　侧飞镜头的视频效果

下面介绍侧飞镜头的5种拍摄技巧。

（1）侧飞在航拍中也极为常见，可以水平展现拍摄目标的远景和全貌。

（2）如果是中景甚至近景拍摄，侧飞镜头会逐步展示目标，从而让观众对画面充满了期待。

（3）侧飞时，如果拍摄环境有点单调，那就尝试斜飞拍摄，从斜侧面展现画面的纵深。

（4）侧飞最常用的手法是从前景侧飞，然后露出背景主体，这种在手持设备视频拍摄时非常常见，侧飞时还可以不断改变飞行的高度。

（5）侧飞也经常用来拍摄移动目标。从侧面跟随拍摄，既展示了拍摄目标所处环境，又使画面始终有个明显的视觉焦点，让观众视线有所停留。

15.7　航拍镜头七：追踪镜头的拍法

追踪镜头，也就是追踪目标拍摄，笔者认为这是拍摄手法中最难的一个。前面讲了环绕镜头，环绕瞄准的是固定的目标，用户有充足的时间去调整，也有充足的时间可以重拍。目标追踪就不同了，在一个地点只有一次拍摄机会。拍摄时没有控制好，目标出画面了，或是飞行时打杆没有浅入浅出，画面不流畅，等等，均是目标追踪拍摄时常见的问题，如果还想要精确控制画面，更是难上加难。

图15-7所示视频画面中，镜头追踪的是一辆黄色小轿车。

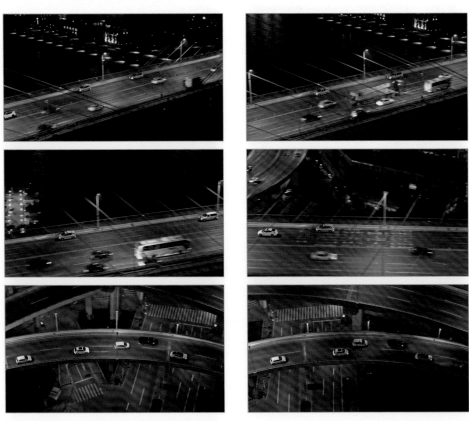

图15-7　追踪一辆黄色小轿车拍摄的视频画面

追踪目标有两种情况，下面进行介绍。

（1）追踪低速运动的物体，如行人、低速汽车、船只等。在飞行中只要规划好路线，计算好时间和速度即可。拍摄沿固定路线运动的目标时，还可以设置飞行航线，提前在航线上规划好飞行路径和高度，等目标出现后直接执行航线即可，这样就可以专注于方向与摄像头的控制，使视频画面更加流畅。

（2）追踪高速运动的目标，这种镜头语言一般来说一个人拍摄几乎不太可能，即便是飞手和云台手同时操控，也需要两者的默契配合才能拍出理想的镜头。

笔者也经常追踪拍摄移动目标，也失败过，有过只盯着画面而没有观察无人机，导致撞东西"炸机"的情况；有过缺乏沟通，人家起跑了我们才起飞的情况。所以有一些经验可以和大家分享：如果是拍摄固定路线的移动目标，建议利用智能飞行模式预设好航线，等目标到达指定的位置后，执行航线即可。完成航线镜头后，再手动拍摄别的镜头进行补充。另外，如果拍摄团体活动，一定要有团队配合，对讲机保持通畅，随时通报活动状况。毕竟拍摄移动目标大部分时候只有一次机会，就是拍摄电影也不可能多次重拍。唯有经常学习、经常练习、经常思考，在实际运用中才能如鱼得水，拍摄出想要的镜头。

💡专家提醒　大疆现在推出了带跟随功能的无人机，使得拍摄追踪低速移动目标变得很简单，甚至可以实现环绕追踪移动目标。

15.8　航拍镜头八：后退镜头的拍法

在无人机后退的过程中，一定要先观察无人机后方的飞行环境，因为在飞行中视线受阻，我们只能凭肉眼观察。毕竟，单人操控时不能只看无人机在空中的状态，还必须时刻关注屏幕画面的构图效果，这时就会容易炸机。图15-8所示就是无人机后退镜头的拍摄效果。

图 15-8　无人机后退镜头的拍摄效果

后退镜头最大的优势在于，观众不知道下一秒镜头中会出现什么景物，可以增加视频的趣味性，让观众有所期待。下面介绍后退镜头的4种拍摄技巧。

（1）常规的后退拍摄从拍摄目标开始，然后后退转换拍摄目标所在的环境，也可以先拍摄环境，再后退将画面切换到主体拍摄对象。

（2）倒飞还可以拉升高度，更好地从空中展示目标所在环境；倒飞也可以下降高度，直到呈现地面局部小景视角。

（3）后退镜头也可以加上摄像头的俯仰调整，这样能更好地展现目标及其所在环境。

（4）后退还可以以智能飞行模式拍摄长镜头，建议大家采用荔枝或者大疆的航点飞行，在后退镜头拍摄的同时可以加一点镜头的旋转，镜头的电影感会更加强烈。

后退时，飞手最佳的观察位置就在无人机的倒退方向，这样既没有穿帮问题，也可以一直观察无人机状态，更不会误判空间和距离。

第 16 章

俯拍：用"上帝视角"航拍视频大片

学前提示

　　本章要讲的是真正的航拍视角——俯视，俯视视角只有航拍才能轻易实现。因为它完全90°往下，在拍摄目标的正上方，很多人都把这种航拍视角称为"上帝视角"。俯拍完全不同于别的镜头语言，其视角特殊，相信大家第一次看到俯视镜头都会惊叹，被空中俯视的特殊景致所吸引。希望大家学好本章内容，拍摄出更多令人惊叹的俯视航拍作品。

16.1　俯拍镜头一：俯视悬停拍法

俯视悬停是指将无人机停在固定的位置上，云台相机朝下90°。一般用来拍摄移动的目标，如马路上的车流、水中的游船、游泳的人等，让底下的拍摄目标从画面一处进入，然后从一处出去。拍摄的效果如图16-1所示。

图16-1　俯视悬停的视频拍摄效果

16.2　俯拍镜头二：俯视下降拍法

俯视下降就是指在拍摄具体的目标时，离目标越来越近，目标的细节就会显示得越来越清晰。这种镜头很容易带动观众的兴趣，想看看下面到底有什么，如图16-2所示。

图16-2　俯视下降的视频拍摄效果

16.3　俯拍镜头三：俯视拉升拍法

俯视拉升会让画面视野越来越广，可以展示广阔的环境。拉升时无人机垂直向上拔起，逐步扩大视野，画面中也不断显示周围的环境，如图16-3所示。

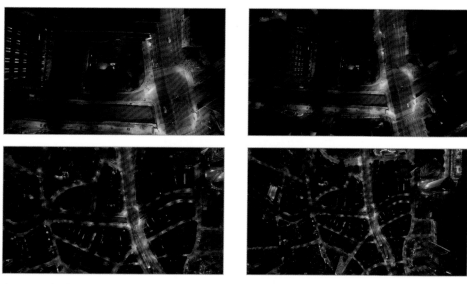

图16-3 俯视拉升的视频拍摄效果

16.4 俯拍镜头四：俯视向前飞行拍法

俯视向前飞行就是指无人机掠过要拍摄的目标拍摄，特别适合展示高楼大厦。俯视拍摄还可以贴着高楼飞过去，这样空间压缩感更强，如图 16-4 所示。

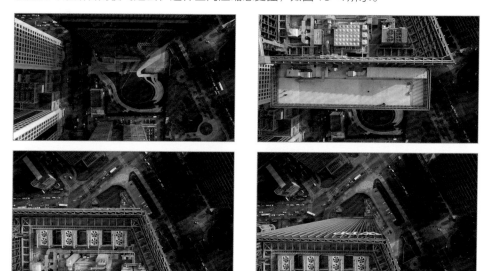

图16-4 俯视向前飞行的视频拍摄效果

俯视向前飞行的时候，如果离目标越来越近，就要利用无人机的三脚架模式控制飞行速度。如果飞行速度过快，一下就飞过去了，下方目标的移动将相对过快，这样出来的视频效果反而不好，因此一定要慢速地通过下方目标对象。

16.5　俯拍镜头五：俯视旋转拉升拍法

俯视旋转拉升是指无人机在俯视旋转的时候，再加上拉升的手法。这是航拍当中非常常用的镜头，可使得画面更加生动，场景所显示的环境空间也越来越大，展示的视野更广，如图 16-5 所示。

图 16-5　俯视旋转拉升拍摄的视频效果

16.6　俯拍镜头六：俯视旋转下降拍法

俯视旋转下降是指无人机在俯视旋转的时候，再加上下降的手法，使目标越来越近，显示得越来越清晰，如图 16-6 所示。

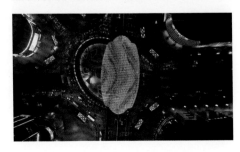

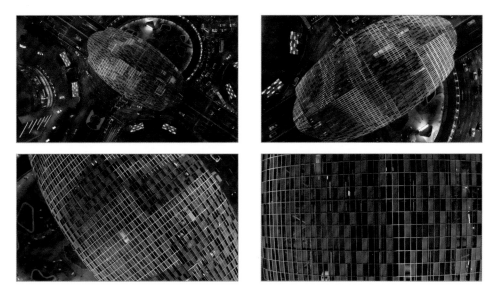

图 16-6　俯视旋转下降拍摄的视频效果

第 17 章

延时：科幻大片是这样拍成的

学前提示

    延时摄影，也叫缩时摄影，英文名是Time-lapse。顾名思义，就是把长时间的照片或视频压缩成短时间的视频。航拍延时在过去属于超级难的拍摄方式，如何能防抖、去抖一直是困扰大家的问题。如今，大疆"御"Mavic 2的机器已经内置延时拍摄加防抖功能，新手都可以轻松拍摄出科幻大片。

17.1 航拍延时的特点

航拍延时的最终效果是浓缩的视频，它具有以下特点。

（1）它可以浓缩时间。航拍延时可以把航拍20分钟的内容在10秒，甚至是5秒内播放完毕，展现时间的飞逝。

（2）航拍延时推荐先以照片的形式拍摄，再通过后期合成为视频，这样做所需的存储空间要比记录20分钟的视频小很多。

（3）航拍延时的画质高，夜景拍摄时快门速度可以延长至1秒，轻松控制噪点。

（4）航拍延时可以长曝光，快门速度达到1秒时，车子的车灯和尾灯就会形成光轨。

（5）用户可以选择拍摄DNG格式的照片原片，后期调整空间大。

17.2 航拍延时的拍摄要点

航拍延时不同于地面延时拍摄，无人机在高空受限于GPS和气压计的误差，时刻在调整运动中，加上大疆三轴机械增稳云台的摄像头也有一定的漂移，导致航拍延时最终的拍摄结果都会有一定程度的抖动。为了后期处理时去抖动容易，笔者结合自己的经验总结了一套航拍延时的拍摄要点，下面进行简单说明。

（1）飞行高度一定要尽量高，距离被拍摄物体有一定距离后，便可以一定程度上忽略无人机带来的飞行误差。

（2）一定要采用边飞边拍的智能飞行模式拍摄，自动飞行远比停下来拍摄要稳定得多，也比手动操作要来得稳定。

（3）飞行速度要慢，一是为了使无人机在相对稳定的速度下拍摄，不至于图像模糊不清；二是因为航拍延时要拍摄20分钟左右的时间，只有很慢的飞行速度才能使最终合成的视频的播放速度恰当。

（4）拍照间隔越短越好，建议大家采用"御"Marvic 2延时航拍模式进行拍摄，可以达到2秒间隔拍摄DNG的能力，其他的无人机只能通过手动按快门的方式来实现。

（5）避免前景过近，后景层次太多。无人机毕竟有误差，前景过近或后景层次太多都会影响后期的画面稳定性，导致无法修正视频抖动。

（6）要熟悉无人机最慢可以接受的慢门速度。根据笔者的测试，1.6秒快门速度时延时拍摄的照片清晰度就会急剧下降，建议快门速度控制在1秒左右为佳。

17.3 航拍延时的准备工作

延时拍摄需要花费大量的时间成本，有时候需要好几个小时才能拍出一段理想的片子。如果不想自己拍出来的是废片，那么必须事先做好充足的准备，才能更好地提高出片效率。下面介绍几项延时航拍前的准备工作。

（1）SD卡对于延时拍摄很重要。在连续拍摄的过程中，如果SD卡存在缓存问题，就很容易导致出现卡顿甚至漏拍的情况。在拍摄前，最好准备一张大容量、高传输速度的SD卡。

（2）设置好拍摄参数。笔者推荐大家用M挡拍摄，在拍摄中根据光线变化调整光圈、快门速度和ISO值。

（3）建议打开保存原片设置，这样"御"Mavic 2在拍摄的时候，会自动保存一份DNG格式文件，给后期调整带来更多空间，也可以用于制作更为专业的4K分辨率延时视频。

（4）白天拍摄延时建议配备ND64滤镜，快门速度降低至1/8秒，以达到延时视频适度动感、模糊自然的效果。

（5）对焦设置建议采用手动对焦，即对准目标完成自动对焦后，切换至手动模式，以避免拍摄途中焦点漂移。

17.4 "御"Mavic 2的航拍延时模式

"御"Mavic 2自产品发布后，其内置的延时摄影功能就一直深受广大飞友喜爱，从来没有想到大疆可以内置延时拍摄且自带合成功能。笔者建议新手学习航拍延时，先从"御"Mavic 2内置的延时摄影功能开始学习，后续再根据拍摄需求采用自定义拍摄方法。

"御"Mavic 2的延时摄影功能总共包含4种模式，分别为自由延时、环绕延时、定向延时及轨迹延时。选择相应的模式后，无人机将在设定的时间内自动拍摄一定数量的照片，并生成延时视频。下面主要介绍以"延时摄影"的这4种模式拍摄视频的操作方法。

图17-1 点击"延时摄影"图标

图17-2 进入"延时摄影"拍摄模式

进入"延时摄影"模式的操作方法是，在 DJI GO 4 App 飞行界面中，点击左侧的 ![icon] 图标进入智能飞行功能选项，在弹出的界面中点击"延时摄影"图标，如图 17-1 所示。

进入"延时摄影"拍摄模式，下方提供了 4 种延时拍摄方式，即自由延时、环绕延时、定向延时以及轨迹延时，如图 17-2 所示，大家可根据需要选择相应的模式进行拍摄。

17.5 延时一：自由延时

在"自由延时"模式下，用户可以手动控制无人机的飞行方向、朝向、高度和摄像头俯仰角度，如图 17-3 所示。

图 17-3 "自由延时"模式

"御"Mavic 2 厉害的地方，就是加入了类似汽车定速巡航的功能，按遥控器背后的 C1 或 C2 键，可以记忆当前的方向和速度，如图 17-4 所示，然后以记录的杆量继续飞行。

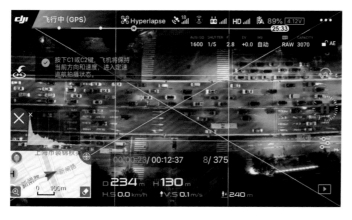

图 17-4 按 C1 或 C2 键可以定速巡航

图 17-5 所示是一段俯拍拉升的延时镜头，先控制"御"Mavic 2 飞行到目标正上方，然后打杆上升，控制飞行速度 1 米/秒左右，然后按 C1 或 C2 键开启定速巡航，随后开启延时拍摄就可以记录目标灯光的不断变化及路口处车流行驶的运动变化，整个画面看上去非常有动感，极具吸引力。

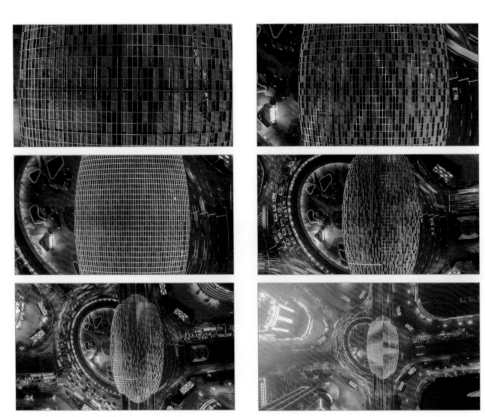

图17-5　自由延时视频

17.6　延时二：环绕延时

　　环绕延时也是"御"Mavic 2特有的功能，依靠其强大的处理器和算法，可以自动根据框选的目标计算环绕中心点和环绕半径，然后根据用户的选择做顺时针或逆时针环绕延时拍摄。环绕延时在选择目标对象时，应尽量选择视觉上没有明显变化的物体对象，如图17-6中所示的建筑物，并且确保整段延时拍摄过程中不会有遮挡物出现，这样就能

图17-6　环绕延时拍摄
视频

保证不会因无法追踪兴趣点而拍摄失败。

　　框选目标成功后，设置拍摄间隔和视频时长，点击"GO"图标，飞行器将以目标为中心自动计算环绕半径，随后开始拍摄，拍摄效果如图 17-7 所示。在该模式下飞行无人机时，如果用户进行打杆操作，将会退出拍摄任务。

图 17-7　环绕延时视频

　　这是一段傍晚时分拍摄的环绕延时视频。无人机围绕着静止的高楼进行拍摄，最开始的时候天边还有夕阳的余晖，随着太阳慢慢下山，天空也渐渐阴暗下来了，高楼中的灯光也陆续地打开，照亮着那些还在忙碌的人们。

17.7　延时三：定向延时

　　定向延时是指无论无人机的摄像头朝向如何，飞行器都将按设置好的方向飞行进行拍摄，并合成延时视频，如图 17-8 所示。

　　用户可以自定义摄像头朝向，旋转 90° 就是侧飞，旋转 180° 就是倒飞航拍延时。用户也可以框选兴趣点，使无人机在定向直线飞行途中，摄像头始终对准拍摄目标，如图 17-9 所示。

图 17-8　定向延时视频

图 17-9　框选兴趣点让摄像头始终对准拍摄目标

　　图 17-10 所示这段延时视频也是傍晚时分拍摄的，运用了定向延时兴趣点锁定的拍摄手法，摄像头始终对准上海陆家嘴的三栋高层建筑。由于"御"Mavic 2 近 20 分钟的滞空能力，笔者拍摄到了天空中云彩的移动变化，也记录了城市由日转夜的变化，城市中的各建筑物陆续亮起了灯光，照亮了整个城市，灯火辉煌。

图 17-10　定向延时视频

17.8　延时四：轨迹延时

使用"轨迹延时"拍摄模式时，可以在地图路线中设置多个航点。用户需要预飞一遍，到达所需的高度和朝向后添加航点，以记录无人机高度、朝向和摄像头角度。全部航点设置完毕后，可以按正序或倒序方式执行轨迹延时航拍。推荐大家采用倒序拍摄，这样规划好最后一个航点后，就可以就近执行延时拍摄任务了，如图 17-11 所示。

进入"轨迹延时拍摄"模式

已规划好飞行轨迹

图 17-11　执行轨迹航拍延时

轨迹延时还能保存轨迹任务，用户可以多次测试调整以获得最佳的轨迹，如图17-12所示，等到最佳时间（如日出日落时）再执行拍摄任务，便可以拍摄到最佳的画面。

图17-12　保存轨迹任务

有了轨迹任务，用户还可以白天和晚上各拍摄一次，然后在后期剪辑软件中对齐合成，最终可以剪辑出时间跨度大的超现实航拍延时作品，如图17-13所示。

图17-13　时间跨度大的超现实延时航拍作品

第 18 章

夜景：拍出城市中绚丽的灯光美景

学前提示

　　第 14 章中提到过，夜景这个题材也是非常受观众喜爱的，绚丽的城市夜景让我们震撼。但夜景也是无人机航拍中的一个难点，稍微把握不好就拍不出理想画质的作品。夜间拍摄时，昏暗的光线容易导致画面黑乎乎的，而且噪点非常多。那么，如何才能稳稳地拍出绚丽的城市夜景呢？本章就来介绍夜景航拍的技巧。

18.1 观察周围环境，提前踩点

夜间航拍光线会受到很大的影响，当无人机飞到空中的时候，你只看得到无人机的指示灯一闪一闪的，其他的什么也看不见。可能很多用户觉得夜景很美，特别是城市中穿流的汽车闪烁着灯光，吸引着人们的目光。若想记录夜间的美景，就要在白天先考察好这个拍摄地点，确认上空是否有电线或其他障碍物，以免造成无人机坠毁，这是因为晚上的高空环境肉眼是根本看不清的。

当我们准备在夜晚起飞无人机时，如果光线过暗，可以适当调整云台相机的感光度和光圈值，来增加图传画面的亮度。图18-1所示即为大光圈与小光圈时的屏幕亮度对比效果。

图18-1 大光圈与小光圈时的屏幕亮度对比

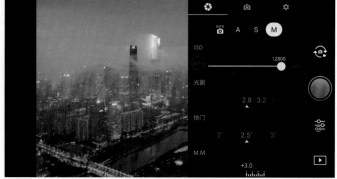

💡专家提醒 夜间飞行无人机时，无人机的下视避障功能会受到影响，不能正常工作，如果能通过调整感光度来增加画面亮度，可以帮助我们更清楚地看清周围的环境。但在拍摄照片前，一定要将感光度参数再调整回来，调整为正常状态，以免拍摄的照片出现曝光过度的情况。

18.2　拍摄时，一定要关闭飞行器前臂灯

　　默认情况下，飞行器前臂灯显示为红灯。夜间拍摄时，前臂灯会对画面有干扰，所以在夜间拍摄照片或视频的时候，一定要把前臂灯关闭。关闭方法很简单，在DJI GO 4 App中点击"通用设置"图标 ●●●，进入"通用设置"界面，在"飞控参数设置"界面中，点击"高级设置"选项，如图18-2所示。

图18-2　点击"高级设置"选项

　　进入"高级设置"界面，关闭"打开机头指示灯"右侧的按钮，使其呈灰色状态，如图18-3所示，即可关闭飞行器前臂灯。

图18-3　关闭"打开机头指示灯"右侧的按钮

　　💡专家提醒 拍摄完成后，一定要记得再打开机头前臂指示灯，否则会影响无人机的飞行安全。打开机头前臂指示灯之后，用户也能在黑暗的天空中快速确认无人机的位置。

18.3　调节云台的角度，使画面不倾斜

　　拍摄夜景时，如果发现云台相机有些倾斜，可以通过"云台微调"功能来调整云台的角度，使云台回正。调节云台的方法很简单，在DJI GO 4 App中点击"通用设置"

图标 **•••**，进入"通用设置"界面，在"云台"界面中，点击"云台微调"选项，如图18-4所示。

图18-4　点击"云台微调"选项

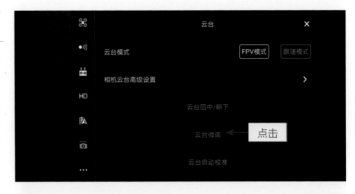

此时，图传界面中弹出提示信息框，如图18-5所示，提示用户可以进行水平微调和偏航微调，用户点击相应的功能对云台进行微调即可。

图18-5　图传界面中弹出提示信息框

18.4　设置画面白平衡，矫正视频色彩

白平衡，通过字面上的理解就是白色的平衡，通过设置白平衡可以解决色彩和色调处理的一系列问题。

在无人机的视频设置界面中，用户可以通过设置视频画面的白平衡参数，使画面达到不同的色调效果。下面主要介绍在设置界面中设置视频白平衡的操作方法，主要包括阴天模式、晴天模式、白炽灯模式、荧光灯模式及自定义模式等。

进入飞行界面，点击右侧的"调整"图标 🎚️，进入相机调整界面，切换至"录像"选项卡 ▢，选择"白平衡"选项，如图18-6所示。

进入"白平衡"界面，默认情况下，白平衡参数为"自动"模式，即由无人机根据当时环境下的画面亮度和颜色自动设置白平衡的参数，如图18-7所示。

图18-6　选择"白平衡"选项

图18-7　进入"白平衡"界面

在无人机相机设置中，用户还可以根据不同的天气和灯光效果，自定义设置白平衡的参数，使拍摄出来的画面更加符合用户的要求。自定义白平衡参数的方法很简单，只需在"白平衡"界面中，选择"自定义"选项，在下方拖曳自定义滑块，即可自定义白平衡的参数。

18.5　设置峰值对焦，提升画面的清晰度

在夜晚航拍照片或视频的时候，对焦会有一些不准确，导致拍摄出来的画面不清晰。此时可以打开"峰值对焦"功能，该功能会将画面中对比度最高的区域高亮标记出来，从而帮助用户判断画面区域是否成功对焦。

设置峰值对焦的方法很简单，进入飞行界面，点击右侧的"调整"图标 ⚙，进入相机调整界面，然后点击右上方的"设置"按钮 ⚙，进入相机设置界面，再点击"峰值等级"选项，如图18-8所示。

进入"峰值等级"界面后，会显示3个等级选项供选择，如图18-9所示，分别为"高""标准"和"低"，我们可以根据画面的明亮程度设置相应的峰值等级。

图18-8　点击"峰值等级"
选项

图18-9　进入"峰值等级"
界面

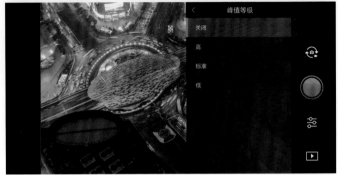

18.6　设置感光度与快门速度，降低画面噪点

　　ISO就是我们通常说的感光度，即相机感光元件对光线的敏感程度。ISO的调整有两句口诀：感光度数值越高，则对光线越敏感，拍出来的画面就越亮；感光度数值越低，画面就越暗。因此，可以通过调整ISO感光度将曝光和噪点控制在合适的范围内。但注意，夜间拍摄时，感光度越高，画面噪点就越多。

　　在光圈参数不变的情况下，提高感光度则需使用更快的快门速度才能获得同样的曝光量。感光度、光圈和快门速度是摄影的三大参数，到底多大的ISO值才适合拍摄夜景呢？我们要结合光圈和快门参数来设置。一般情况下，感光度参数值建议在ISO 100～ISO 200，感光度参数值最高不要超过ISO 400，否则对画质的影响会很大，如图18-10所示。

图18-10　感光度参数值的
设置

快门速度控制拍照时的曝光时长。夜间航拍时，如果光线不太好，可以加大光圈、降低快门速度，调整的幅度可以根据实际的拍摄效果来确定。在繁华的大街上，如果想

拍出汽车的光影运动轨迹，主要是靠延长曝光时间，使汽车的轨迹形成光影线条的美感。图18-11所示为延长曝光时间拍摄出的汽车光影效果。

图18-11　延长曝光时间拍摄出的汽车光影效果

18.7　使用纯净夜拍模式，让夜景美得震撼

无人机中有一种拍摄模式是专门用于夜景航拍的，那就是"纯净夜拍"模式。这种模式拍摄出来的夜景效果非常不错，类似于华为手机中的"超级夜景"模式，大家可以试一试，如图18-12所示。

图18-12　"纯净夜拍"模式

18.8　拍摄前悬停5秒，增加画面的稳定性

在夜间拍摄前，最好使无人机在空中停顿5秒再开始拍照或者录制视频。这是因为，夜间航拍本来光线就不太好，拍出来的画面噪点较多，如果在急速飞行的状态下拍摄，那么照片拍出来肯定是模糊不清的。

18.9　使用竖向全景拍摄，使画面具有延伸感

无人机中的竖拍全景实际是3张照片的拼接效果，是以地平线为中心线进行拍摄的。在拍摄夜景的时候，采用竖画幅全景可以给观众一种向上下延伸的感受。竖画幅全景照

将画面上下部分的各种元素紧密地联系在一起，从而更好地表达画面主题。图18-13所示为"全景"模式中的"竖拍"模式所在的设置位置。

　　大疆的"精灵"Phantom 3系列和"精灵"Phantom 4系列，还有"御"Mavic 2专业版无人机，都能拍出很好的夜景效果。图18-14所示照片全是采用"竖拍"模式拍摄的夜景效果。

图18-13　"拍照模式"中的"竖拍"模式

图18-14　使用"竖拍"模式拍摄的夜景效果

18.10　借用人造灯光，衬托夜景的环境氛围

　　有些建筑物在晚上的时候，会打上一些人造灯光，意境非常唯美，如图18-15所示，所以晚上航拍的夜景也是非常漂亮的。但大家需要白天踩好点，看看天空中有没有电线，或者周围有没有电线杆，以排除这些影响飞行安全的因素。

图18-15　建筑物加上人造灯光之后的夜景效果

第 19 章

全景：拍摄与拼接全景照片的技巧

学前提示

　　所谓"全景摄影"就是将拍摄的多张照片拼成一张全景照片。它的基本原理是搜索两张照片的边缘部分，并将成像效果最为接近的区域加以重合，以完成照片的自动拼接。随着无人机技术的不断发展，我们可以通过无人机轻松拍摄出全景影像作品，而且可以非常方便地运用电脑进行后期拼接，任何人都可以尝试制作出视角惊人的全景作品。

19.1 使用无人机拍摄全景照片

使用无人机拍摄全景照片的方法有两种，第一种是使用自带的"全景"功能拍摄全景照片；第二种是单独拍摄多张照片，然后通过后期软件拼接合成全景照片。大疆自带的"全景"模式一共包括4种：球形全景、180°全景、广角全景及竖拍全景，如图19-1所示。

图19-1 自带的4种全景模式

选择相应的模式，点击"拍摄"按钮，即可拍摄全景照片。拍摄完成后，无人机将自动进行拼接，合成为一张完整的全景图。图19-2所示为使用无人机拍摄的球形全景。

图19-2 使用无人机拍摄的球形全景照片效果

球形全景是指相机自动拍摄多张照片，然后进行自动拼接。拍摄完成后，用户在DJI GO 4 App内查看照片效果时，点击球形照片的任意位置，相机将自动缩放该区域的局

部细节，这是一张动态的全景照片。

19.2　拍摄需要多张照片拼接的全景照片

上一节介绍了使用无人机自带的"全景"功能拍摄全景照片的方法，这种拍摄方法的优点是简单、方便；缺点是由于是自动拍摄，在拍摄中我们无法容纳更多想要表现的内容。本节主要介绍手动拍摄全景照片的方法，用户可以根据需要拍摄想要的全景画面。

手动拍摄全景照片，通常需要拍摄多张照片进行合成，因此我们在拍摄前需要在脑海里想象一下自己到底要多大的画面，把全景照片的拍摄张数确定好，才能开始拍摄。根据所要拍摄的全景照片的尺寸规格来推算出大致的像素、需要的照片数量，还可以将镜头焦距也事先确定好。通常情况下，可以多试拍几次，确定可以满足拼接质量的照片张数，实拍时可以酌情增加拍摄的张数。

图 19-3 所示是笔者通过无人机拍摄的以多张照片拼接而成的全景效果照片。

图 19-3　通过拍摄多张照片拼接而成的全景效果照片

如果是在白天使用无人机拍摄全景照片，可以放心使用自动白平衡模式，后期通过处理 RAW 照片很容易设置为一致的白平衡。在需要旋转云台相机镜头的拍摄过程中，要尽可能地多留一些重叠部分，通常为三分之一左右，这样后期处理软件在拼接时会自动计算重叠部分，截取中央最佳画质的画面，从而使全景照片的质量达到最优。

图 19-4 所示为笔者在广州的"小蛮腰"附近拍摄的多张照片，这些照片通过后期软件拼接可以得到一张完整的全景照片。

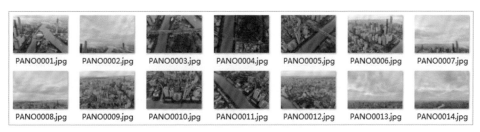

图 19-4　笔者在广州"小蛮腰"附近拍摄的多张全景照片

19.3　使用Photoshop拼接制作航拍全景照片

在前期拍摄的时候，要保证画面有30%左右的重合，这样片子才能接得上。Photoshop拼接的方法，适合10张以下的照片，如果照片过多，Photoshop拼接会不太完整，而且拼接的效果也不太好。下面对用Photoshop拼接制作航拍全景照片的方法进行具体介绍。

STEP 01 进入Photoshop工作界面，在菜单栏中单击"文件"|"自动"|"Photomerge"命令，弹出"Photomerge"对话框，单击"浏览"按钮，如图19-5所示。

STEP 02 弹出相应对话框，在其中选择需要接片的文件，如图19-6所示。

图19-5　单击"浏览"按钮

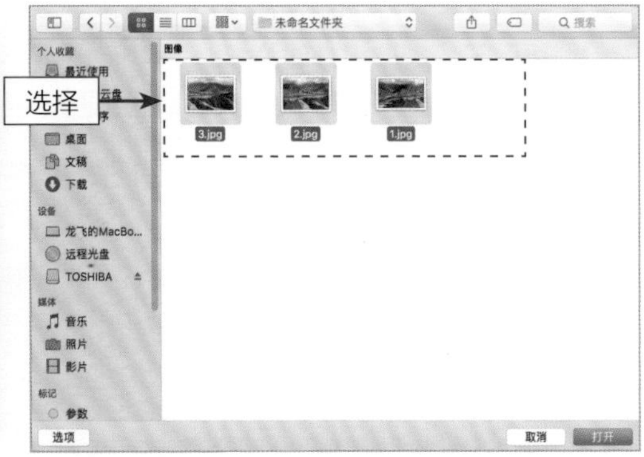

图19-6　选择需要接片的文件

STEP 03 单击"打开"按钮，在"Photomerge"对话框中可以查看导入的接片文件，单击"确定"按钮，如图19-7所示。

STEP 04 执行操作后，Photoshop开始执行接片操作并显示接片的效果，如图19-8所示。

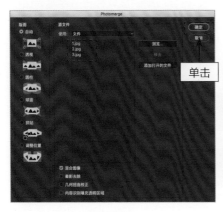

图19-7　单击"确定"按钮

图19-8　查看接片的效果

STEP 05 放大预览拼接完成的航拍全景照片，效果如图 19-9 所示。

图 19-9　预览拼接完成的航拍全景照片

19.4　使用PTGui拼接制作航拍全景照片

PTGui是笔者最常用来接片的软件，是目前功能最为强大的一款全景照片制作工具。该软件提供了可视化界面来实现对照片的拼接，从而创造出高质量的全景图像。下面介绍使用PTGui接片的具体流程与操作方法。

STEP 01 打开PTGui工作界面，单击左侧的"加载图像"按钮，如图 19-10 所示。

图 19-10　单击左侧的"加载图像"按钮

STEP 02 弹出相应窗口，选择需要拼接的多张照片，如图 19-11 所示。

STEP 03 单击右下角的 Open 按钮，导入照片，单击"对准图像"按钮，如图 19-12 所示。

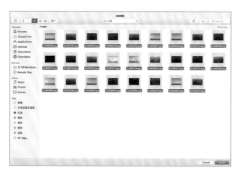

图 19-11　选择需要拼接的多张照片

图 19-12　单击"对准图像"按钮

STEP 04 执行操作后，软件开始对照片进行全景拼接，拼接完成后如图 19-13 所示。

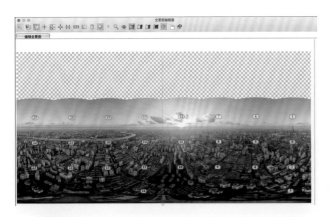

图19-13　对照片进行全景拼接

STEP 05 在PTGui工作界面中，单击"创建全景图"按钮，如图19-14所示。

STEP 06 进入"创建全景图"界面，单击"创建全景图"按钮，如图19-15所示。

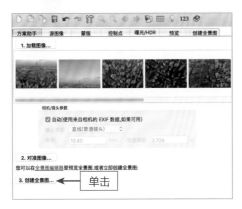

图19-14　单击"创建全景图"按钮（1）

图19-15　单击"创建全景图"按钮（2）

STEP 07 执行上述操作后，即可创建全景照片，将全景照片周围不需要的区域裁掉后，便得到了完整的全景接片效果，如图19-16所示。

图19-16　使用PTGui拼接制作的航拍全景照片

19.5　使用Lightroom拼接制作航拍全景照片

　　Lightroom 软件是当今数码拍摄工作流程中不可或缺的一部分，它不但可以快速导入、处理、管理和展示图像，其增强的校正工具、强大的组织功能，以及灵活的打印选项更是可以加快照片后期处理速度，让摄影师将更多的时间投入到拍摄当中去。使用Lightroom 软件还能快速地拼接全景照片，功能十分强大。下面介绍使用Lightroom 拼接制作航拍全景照片的方法。

　　STEP 01 将电脑中需要拼接的照片导入到Lightroom工作界面中，如图 19-17 所示。

图 19-17　将照片导入到
Lightroom工作界面中

　　STEP 02 全选导入的所有照片，单击鼠标右键，在弹出的快捷菜单中选择"照片合并"|"全景图"选项，如图 19-18 所示。

　　STEP 03 弹出"全景合并预览"窗口，预览拼合的全景照片，单击右下角的"合并"按钮，如图 19-19 所示，开始合并全景照片。

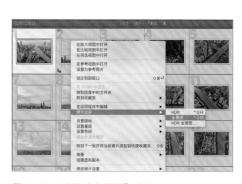

图 19-18　选择"全景图"选项

图 19-19　预览拼合的全景照片

　　STEP 04 稍等片刻，在界面中可以查看拼合后的全景照片效果，如图 19-20 所示。

图19-20 查看拼合的全景照片效果

STEP 05 接下来对全景照片进行简单调色，在界面右侧设置"色温""色调""对比度""高光""阴影""白色色阶""黑色色阶""清晰度"及"鲜艳度""饱和度"等参数值，本例中分别设置为-7、+22、-2、-100、45、24、-35、20、+13和+4，如图19-21所示。

图19-21 对全景照片进行简单调色

STEP 06 在菜单栏中，单击"工具"|"裁剪"命令，对全景照片进行裁剪操作，裁剪掉不需要的区域，如图19-22所示。

图19-22 对全景照片进行裁剪操作

STEP 07 裁剪完成后，预览全景照片的最终效果，如图 19-23 所示。

图 19-23　预览全景照片的最终效果

后期处理篇

第 20 章

美图：手机App助你一键快速修图

学前提示

使用手机App可以快速处理航拍的照片，方便即时分享到朋友圈中。本章主要推荐使用美图秀秀App，主要功能包括美化图片、人像美容、拼图、素材中心等。美图秀秀独有的图片特效、美容、拼图、场景、边框、饰品等功能，加上每天更新的精选素材，可以帮助用户快速修出精美的航拍照片，还能一键分享到各种热门社交网络。

20.1　裁剪照片尺寸，对画面进行二次构图

在航拍的时候，有些照片的构图不太美观，需要通过后期裁剪的方式对照片进行二次构图，这就需要用到App中的裁剪工具。下面介绍使用美图秀秀裁剪照片的方法。

STEP 01 在美图秀秀App中打开一张照片，点击下方的"编辑"图标，如图20-1所示。

STEP 02 执行上述操作后，进入"裁剪"界面，用户可以通过自由裁剪或按一定比例裁剪的方式来裁剪照片，如图20-2所示。

图20-1　点击"编辑"按钮（左）

图20-2　进入裁剪界面（右）

STEP 03 其中，按比例裁剪的比例包括1:1、2:3、3:2、3:4、4:3、9:16、16:9等多种形式，图20-3所示为选择9:16后的裁剪效果。

STEP 04 另外，用户也可以选择自由裁剪模式。点击"自由"图标后拖曳预览区中的裁剪框，选定要裁剪的区域即可，如图20-4所示。

图20-3　9:16的裁剪效果（左）

图20-4　自由裁剪照片（右）

STEP 05 确定裁剪区域后，点击"确认裁剪"按钮，即可完成照片裁剪操作，效果如图20-5所示。

图20-5 完成照片裁剪操作

20.2 调整照片影调与色彩，改善画质效果

使用无人机拍摄照片时，难免会因为相机设置以及环境的影响而失去原有的色彩平衡。使用美图秀秀App可以对航拍照片的亮度、对比度、色温、饱和度、高光、暗部等参数进行调整，还可以运用智能补光调整照片影调。下面介绍调整照片影调与色彩的方法。

STEP 01 在美图秀秀App中打开一张照片，点击下方的"增强"图标，进入"增强"界面，如图20-6所示。

STEP 02 向右拖动"智能补光"滑块调整参数，本例调整为2，给画面补光，如图20-7所示。

STEP 03 设置"对比度"参数，本例中设置为29，调整画面对比度效果，改善光线，如图20-8所示。

图20-6 进入增强界面

图20-7 调整智能补光

图20-8 调整画面对比度

STEP 04 设置"饱和度"参数，本例中设置为34，调整画面饱和度效果，增强色彩，如图20-9所示。

STEP 05 设置"色温"参数，本例中设置为-47，调整画面的色温与色彩平衡，如图20-10所示。

STEP 06 设置"高光调节"参数，本例中设置为49，为照片添加高光效果，提亮画质，如图20-11所示。

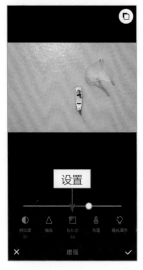

图20-9 调整饱和度

图20-10 调整色温

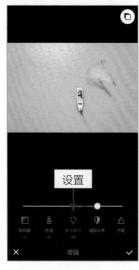

图20-11 调整高光

STEP 07 设置"暗部改善"参数，本例中设置为-85，改善画面暗部效果，如图20-12所示。

STEP 08 完成照片的调色后，效果如图20-13所示。

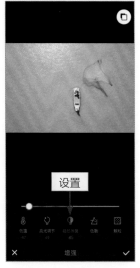

图20-12 设置暗部改善

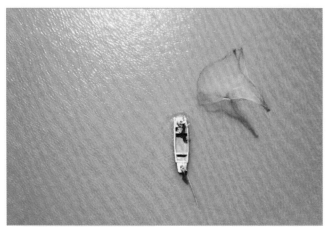

图20-13 调色后的照片最终效果

20.3　使用滤镜一键调色，既轻松又方便

利用美图秀秀App不仅可以对照片的色彩、构图等进行修复，还可以一键轻松获得几十种风格特效、美颜特效以及艺术格调等特效，快速将普通的照片变成唯美而个性的影楼级照片。App还可以为同一张照片添加多种特效，制作出与众不同的艺术化照片效果，使照片更加吸引人。

在美图秀秀App中打开照片，点击底部的"滤镜"图标，进入"滤镜"界面，点击相应的效果缩览图，即可应用相应特效，如图20-14所示。

图 20-14　使用滤镜一键调色

20.4　去除照片中的污点，修复受损的画质

美图秀秀App中的"消除笔"工具在修饰细节时会经常用到。"消除笔"工具不需要指定采样点，只需要在照片中有杂色或污渍的地方点击进行涂抹，即可修复图像。

在美图秀秀App中打开照片，点击底部的"消除笔"图标，如图20-15所示。在画面中需要修饰的湖中和树木处进行涂抹，涂抹过的地方呈黄色状，如图20-16所示，即可对画面进行修复，修复后效果如图20-17所示。

图 20-15　点击消除笔

图 20-16　进行涂抹（左）

图 20-17　修复后的画面效果（右）

20.5　给画面添加边框装饰，提升照片格调

美图秀秀 App 中提供了多种类型的边框素材，用户可以根据航拍照片的风格为其添加相应的边框效果，使照片更具观赏性。在美图秀秀 App 中打开需要添加边框的照片，点击底部的"边框"图标，默认将先进入"海报边框"界面，点击各海报边框的缩览图，即可应用边框效果，如图 20-18 所示；进入"简单边框"界面，可以为照片添加简单边框，如图 20-19 所示；进入"炫彩边框"界面，可以为照片添加炫彩边框，如图 20-20 所示。

图 20-18　海报边框

图 20-19　简单边框

图 20-20　炫彩边框

20.6　为照片添加文字，起到画龙点睛之效

在美图秀秀App中，用户可以根据需要在照片中添加相应的文字，为照片点明主题，表达拍摄者的思想。在照片上添加适当的修饰文字，还可以起到画龙点睛的作用，让普通照片变得精致起来。下面介绍为照片添加文字的具体操作方法。

STEP 01 在美图秀秀App中打开一张照片，点击下方的"文字"图标，如图20-21所示。

STEP 02 进入编辑界面，上方显示文本框，在下方选择需要的模板，如图20-22所示。

图20-21　点击"文字"图标（左）

图20-22　选择需要的模板（右）

STEP 03 选择要应用的文字模板后，照片上会显示相应的名称，如图20-23所示。

STEP 04 点击文字，进入编辑界面，更改文字的内容，并更改文字的颜色，将文本框移至界面右上角位置，如图20-24所示。

STEP 05 对文字进行缩放操作，将文字调小，如图20-25所示。

图20-23　应用文字模板

STEP 06 文本制作完成后，效果如图 20-26 所示。

20.7　制作多张照片的拼图效果，展示更多画面

　　使用无人机航拍风景时，有时对一个景点变换不同的角度进行拍摄，就会获得一组同一景点不同效果的照片。拼图这个功能对于喜欢制作相册，或者经常发布长图的人来说，一定非常实用，它可以让我们随心所欲地处理多张照片，打造出不同的照片风格。美图秀秀 App 具有海报拼图、图片拼接、模板拼图、自由拼图等多种拼图模式。下面介绍制作多张照片拼图效果的操作方法。

　　STEP 01 进入美图秀秀 App 主界面，点击"拼图"图标，如图 20-27 所示。

　　STEP 02 进入"图片和视频"界面，选择需要拼图的素材，这里选择 3 张航拍的夜景照片，如图20-28所示。接下来我们分别尝试一下"海报""自由""拼接"这3种拼图样式。

STEP 03 点击"开始拼图"按钮，进入"拼图"界面，点击"海报"标签，选择要应用的海报拼图样式，效果如图20-29所示。

图 20-27　点击"拼图"按钮

图 20-28　选择3张航拍的夜景

图 20-29　应用海报拼图样式

STEP 04 点击"自由"标签，应用自由拼图样式，效果如图20-30所示。

STEP 05 点击"拼接"标签，即可拼接长图片，效果如图20-31所示。

STEP 06 选择自己喜欢的拼图样式，拼接完成后，点击"确认"按钮 ✓，预览拼接的照片效果，如图20-32所示。

图 20-30　应用自由拼图样式

图 20-31　拼接长图片

图 20-32　预览拼接的照片效果

第 21 章

专修：使用Photoshop修出质感大片

学前提示

  要想航拍出来的摄影作品更加优秀，不仅要有正确的构图、丰富的色彩及画面的空间感，还需要对航拍的照片进行后期修饰与美化。利用Photoshop可以对航拍的风光照片进行后期处理，从而弥补照片的缺憾，使之完美。本章主要介绍使用Photoshop修出质感照片的方法。

21.1 裁剪、翻转照片，完善画面布局

在Photoshop中，利用裁剪工具可以对照片进行裁剪，重新定义画布的大小，由此来重新定义整张照片的构图。具体操作也比较简单，下面详细介绍裁剪、翻转照片的操作方法。

STEP 01 单击"文件"|"打开"命令，打开一幅素材图像，如图21-1所示。

STEP 02 在工具箱中，选取裁剪工具 🔲，如图21-2所示。

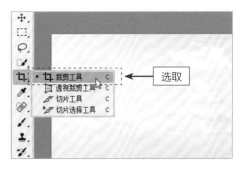

图21-1 打开一幅素材图像

图21-2 选取裁剪工具

STEP 03 此时，照片边缘会显示一个变换控制框，当鼠标指针呈 形状时，拖曳鼠标控制裁剪区域大小，确定需要剪裁的区域，如图21-3所示。

STEP 04 按Enter键确认，即可完成照片的裁剪，效果如图21-4所示。

图21-3 确定需要剪裁的区域

图21-4 完成照片的裁剪

STEP 05 单击"图像"|"图像旋转"|"水平翻转画布"命令，对照片进行水平翻转，效果如图21-5所示。

图21-5 对照片进行水平翻转

21.2 锐化照片细节，提高照片的清晰度

锐化工具主要用于锐化照片的部分像素，使得被编辑的照片更加清晰，对比度更加明显。在风光照片中，利用锐化工具能够使模糊的照片变得更加清晰。下面介绍锐化照片的方法。

STEP 01 单击"文件"|"打开"命令，打开一幅素材图像，如图21-6所示。

STEP 02 在工具箱中，选取锐化工具，如图21-7所示。

图21-6　打开一幅素材图像

图21-7　选取锐化工具

💡专家提醒 锐化工具可增加相邻像素的对比度，使较软的边缘明显化，使照片聚焦。此工具不适合过度使用，会导致照片严重失真。

STEP 03 在图像上单击鼠标左键并拖曳，进行涂抹，即可锐化部分区域，如图21-8所示。

STEP 04 用同样的方法，对照片中的其他区域进行锐化处理，使照片的细节更加清晰，效果如图21-9所示。

图21-8　锐化部分区域

图21-9　对其他区域进行锐化处理

21.3 调整照片亮度、对比度与饱和度

由于天气或光线问题，有时候航拍出来的照片画面较暗，色彩也不够鲜艳，此时需要调整照片的亮度和对比度，并加强饱和度来调整照片的整体色彩。下面介绍调整照片亮度、对比度与饱和度的操作方法。

STEP 01 单击"文件"|"打开"命令，打开一幅素材图像，如图21-10所示。

STEP 02 在菜单栏中，单击"图像"|"调整"|"亮度/对比度"命令，如图21-11所示。

图21-10　打开一幅素材图像

图21-11　单击"亮度/对比度"命令

STEP 03 弹出"亮度/对比度"对话框，设置"亮度"参数，本例中设置为40，如图21-12所示。

STEP 04 单击"确定"按钮，即可提亮画面，效果如图21-13所示。

图21-12　设置"亮度"为40

图21-13　提亮画面的效果

STEP 05 单击"图像"|"调整"|"自然饱和度"命令，弹出"自然饱和度"对话框，设置"自然饱和度"和"饱和度"参数值，本例中设置为+2和+100，如图21-14所示。

STEP 06 单击"确定"按钮，即可调整照片的饱和度，加强照片的视觉色彩，效果如图21-15所示。

图21-14　设置饱和度参数

图21-15　加强照片的视觉色彩

21.4 调整照片的色彩平衡，纠正画面偏色

在Photoshop中，用户可以在"色彩平衡"对话框中，对照片的阴影及高光等部分进行相关调整，以此来解决风光照片中出现的色彩问题。而且通过调整色彩平衡还可以为照片添加特殊效果。下面介绍调整照片色彩平衡的操作方法。

STEP 01 单击"文件"|"打开"命令，打开一幅素材图像，如图21-16所示。

STEP 02 在菜单栏中，单击"图像"|"调整"|"色彩平衡"命令，如图21-17所示。

图21-16 打开一幅素材图像

图21-17 单击"色彩平衡"命令

STEP 03 执行上述操作后，弹出"色彩平衡"对话框，如图21-18所示。

STEP 04 在其中设置"色阶"参数，本例中分别设置为+94、-20、-91，如图21-19所示。

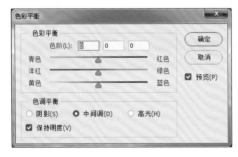

图21-18 弹出"色彩平衡"对话框

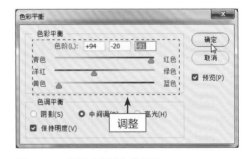

图21-19 设置"色阶"参数值

💡**专家提醒** "色彩平衡"对话框中各主要选项含义如下所述。

色彩平衡：分别显示了青色和红色、洋红和绿色、黄色和蓝色这3对互补色的颜色分布情况，每一对颜色中间的滑块用于控制相应色彩的增减。

色调平衡：通过选中该区域中的3个单选选项，可以分别调整图像颜色的阴影区域、中间调区域和高光区域。

保持明度：勾选该复选框，在调整色彩平衡中其他项目时图像像素的亮度值不变，只有颜色值发生变化。

STEP 05 单击"确定"按钮，即可设置照片的色彩，调整照片色调，效果如图21-20所示。

图21-20 调整照片色调后的效果

21.5 改变画面的色调，将春景变成秋景

在Photoshop中，通过"色相/饱和度"命令可以调整单个颜色的"色相"参数值，可以将春天的景色变成秋天的景色，也可以同时调整全图颜色。下面介绍调整照片色调的方法。

STEP 01 单击"文件"|"打开"命令，打开一幅素材图像，如图21-21所示。

图21-21 打开一幅素材图像

STEP 02 在菜单栏中，单击"图像"|"调整"菜单，在弹出的子菜单中单击"色相/饱和度"命令，如图21-22所示。

STEP 03 执行上述操作后，弹出"色相/饱和度"对话框，在其中设置"色相"为-15，如图21-23所示，单击"确定"按钮。

图21-22 单击"色相/饱和度"命令

图21-23 设置"色相"为-15

STEP 04 执行操作后,即可改变画面的色调和风格,将春景变成秋景,给人一种成熟的味道,效果如图21-24所示。

图21-24 改变画面的色调
和风格

21.6 调出夕阳下的绚丽色彩,让视觉更丰富

夕阳西下,总给人一幅诗情画意的美妙景象,航拍的素材中有很多都是拍摄夕阳美景的,面对失去色彩的夕阳美景,可以通过"亮度/对比度""自然饱和度""色阶""通道混合器""色相/饱和度"等命令来恢复夕阳美景的色彩。

下面介绍调出夕阳下绚丽色彩的方法,需要结合多个命令一起操作。

STEP 01 单击"文件"|"打开"命令,打开一幅素材图像,这张航拍的夕阳美景失去了原有的色彩,如图21-25所示。

STEP 02 按 Ctrl + J 组合键,复制图层,得到"图层1"图层,如图21-26所示。

STEP 03 单击"图层"面板底部的"创建新的填充或调整图层"按钮,在弹出的列表框中选择"亮度/对比度"命令,新建"亮度/对比度1"调整图层,设置"亮度"和"对比度"参数,本例中设置为16和30,效果如图21-27所示。

STEP 04 单击"图层"面板底部的"创建新的填充或调整图层"按钮，在弹出的列表框中选择"自然饱和度"命令，新建"自然饱和度 1"调整图层，设置"自然饱和度"和"饱和度"参数，本例中设置为+69和+65，效果如图21-28所示。

图21-25　打开素材图像

图21-26　复制图层

图21-27　调整亮度/对比度

图21-28　调整自然饱和度

STEP 05 用同样的方法，新建"曲线 1"调整图层，分别设置"输入"和"输出"，本例中设置为136和122，效果如图21-29所示。

STEP 06 新建"通道混合器 1"调整图层，本例中设置"输出通道"为"红"，设置相应的参数依次为+93、+25、-17，效果如图21-30所示。

图21-29　调整曲线

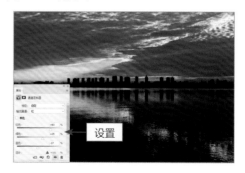

图21-30　调整通道混合器

STEP 07 新建"色相/饱和度 1"调整图层，本例中设置"全图"的参数依次为+5、+40、+5，效果如图21-31所示。

STEP 08 设置"黄色"的参数，本例中依次设置为-5、+10、+7，效果如图21-32所示，即可调出夕阳下的绚丽色彩。

图21-31 设置"全图"参数

图21-32 调出夕阳下的绚丽色彩

21.7 制作层次分明的山峦风光，体现层次感

这是一张航拍的高原山川照片，原照片的画面比较灰暗，色彩感不强，导致其层次不够明朗。下面将通过一系列命令制作出层次分明的山峦风光美景，具体操作步骤如下所述。

STEP 01 单击"文件"|"打开"命令，打开一幅素材图像，如图21-33所示。

STEP 02 按Ctrl + J组合键，复制图层，得到"图层1"图层，如图21-34所示。

图21-33 打开素材图像

图21-34 复制图层

STEP 03 新建"亮度/对比度1"调整图层，设置"亮度"和"对比度"，本例中分别设置为-15和4，效果如图21-35所示。

STEP 04 新建"色阶1"调整图层，设置黑、灰、白3个滑块的参数，本例中依次设置为40、0.9、255，效果如图21-36所示。

图21-35 调整亮度/对比度

图21-36 调整色阶

STEP 05 新建"自然饱和度1"调整图层，设置"自然饱和度"和"饱和度"参数值，本例中分别设置+50和+45，效果如图21-37所示。

STEP 06 新建"色彩平衡1"调整图层，本例中选择"色调"为"中间调"，并设置相应的参数依次为+31、+14、-14，效果如图21-38所示。

图21-37　调整自然饱和度

图21-38　设置"中间调"参数

STEP 07 本例选择"色调"为"高光"，设置参数为+25、+5、+10，效果如图21-39所示。

STEP 08 按Ctrl + Shift + Alt + E组合键，盖印可见图层，得到"图层2"图层，如图21-40所示。

图21-39　设置"高光"参数

图21-40　盖印图层

STEP 09 单击"滤镜"|"其它"|"高反差保留"命令，如图21-41所示。

STEP 10 弹出"高反差保留"对话框，本例设置"半径"为8.5，单击"确定"按钮，如图21-42所示。

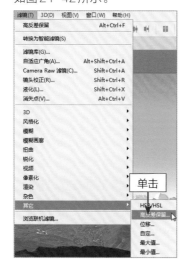

图21-41　单击"高反差保留"命令

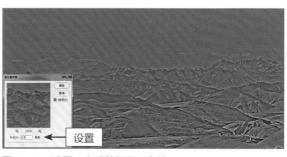

图21-42　设置"高反差保留"参数

STEP 11 本例中，设置"图层2"图层的"混合模式"为"亮光"，"不透明度"为50%，效果如图21-43所示。

STEP 12 新建"自然饱和度2"调整图层，设置"自然饱和度"和"饱和度"参数值，本例中设置为−2和+5，效果如图21-44所示，即可制作出层次分明的山峦风光。

图21-43 调整图层混合模式

图21-44 调整自然饱和度

21.8 修复画面，一键去除照片中的污点或杂物

在Photoshop中，使用污点修复画笔工具 可以快速去除照片中的污点与杂物，修复后的照片画面更加干净。下面介绍去除照片污点的方法。

STEP 01 单击"文件"|"打开"命令，打开一幅素材图像，如图21-45所示。

STEP 02 在工具箱中，选取污点修复画笔工具 ，如图21-46所示。

图21-45 打开一幅素材图像

图21-46 选取污点修复画笔工具

💡**专家提醒** 在Photoshop中，使用"内容识别-填充"功能也可以快速去除照片中的污点与杂物，修复后的照片画面更加干净。那么，如何使用"内容识别-填充"功能呢？方法很简单，首先选取矩形选框工具，在需要修复的图像区域，单击鼠标左键并拖曳，创建一个选区，在选区内单击鼠标右键，在弹出的快捷菜单中选择"填充"选项，在弹出"填充"的对话框中，设置"使用"为"内容识别"，单击"确定"按钮，即可修复照片。

STEP 03 在需要修复的图像区域，单击鼠标左键并拖曳，进行涂抹，如图21-47所示。

STEP 04 释放鼠标左键后，即可完成对照片中涂抹的区域的修复，效果如图21-48所示。

图21-47　单击鼠标左键并拖曳

图21-48　对涂抹的区域进行修复

STEP 05 用同样的方法，在照片中其他需要修复的位置进行涂抹，即可去除照片中的杂物，使画面更加干净，如图21-49所示。

图21-49　去除照片中杂物后的效果

第 22 章

精修: 使用Lightroom精细修图

学前提示

  Lightroom是一款照片处理软件，主要用于数码照片的浏览、编辑、整理、打印等。相较于Photoshop，Lightroom更加适用于对RAW格式照片的编辑及大批量照片的处理。Lightroom是一个供专业摄影师使用的完整工具箱，包含多个模块，可以对航拍的照片进行精细修图。

22.1　利用角度功能，校正倾斜的照片效果

在Lightroom工作界面中，除了可以自由裁剪图像，调整照片的构图外，还可以在"裁剪叠加"工具选项中利用角度倾斜校正工具，调整倾斜的照片。裁剪照片的方法在Photoshop中已经介绍过，这里不再重复讲解。下面介绍将航拍时被拍摄对象倾斜的画面调整为正常画面的方法。

STEP 01 在Lightroom中导入一张照片素材，如图22-1所示。

STEP 02 切换至"修改照片"模块，单击工具栏上的"裁剪叠加"按钮，自动创建一个裁剪框，如图22-2所示，便于快速进行裁剪操作。

图22-1　导入照片素材

图22-2　创建裁剪框

STEP 03 在"裁剪叠加"选项面板中，根据倾斜程度设置"角度"，本例中将"角度"设置为3.11，如图22-3所示。

STEP 04 执行上述操作后，即可在预览窗口中看到调整角度后的图像，如图22-4所示。如果裁剪的效果没有达到预期的效果，可以单击"复位"按钮，清除之前进行的操作步骤，重新对照片进行裁剪。

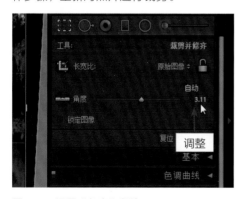

图22-3　设置"角度"参数

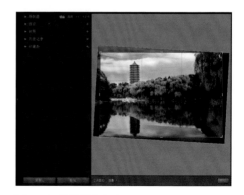

图22-4　调整图像角度

STEP 05 单击预览窗口右下角的"完成"按钮，完成对图像的裁剪，如图22-5所示。

STEP 06 展开"基本"面板，设置"对比度"参数值，本例中设置为+13，如图22-6所示，调整画面对比度，让照片色彩显得更加真实。

图 22-5　完成对图像的裁剪

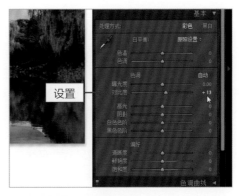

图 22-6　调整画面对比度

💡专家提醒　在 Lightroom 中，可以任意切换裁剪方向。在工具栏中选择裁剪叠加工具，在照片中拖动以设置裁剪边界，按 X 键可以将方向从横向更改为纵向，或者从纵向更改为横向。

STEP 07 在"基本"面板的"偏好"选项区中，分别设置"清晰度""鲜艳度"和"饱和度"，本例中分别设置为 +10、+30、+28，如图 22-7 所示，增强照片的色彩鲜艳度。

STEP 08 展开"细节"面板，设置"锐化"参数值，本例中设置为 20，提高照片的清晰度，最终效果如图 22-8 所示。

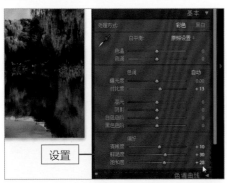

图 22-7　增强照片的色彩鲜艳度

图 22-8　照片调整后的最终效果

22.2　使用自动白平衡功能，校正照片偏色

Lightroom 中预设了自动的白平衡功能，当航拍的照片出现不正常的白平衡效果时，就需要在后期处理中利用白平衡功能校正画面的白平衡。

STEP 01 在 Lightroom 中导入一张照片素材，如图 22-9 所示。

STEP 02 切换至"修改照片"模块，展开"基本"面板，单击"白平衡"选项后的下拉按钮，在弹出的列表框中选择"自动"选项，如图22-10所示，让系统自动调整照片的白平衡。

图22-9　导入照片素材

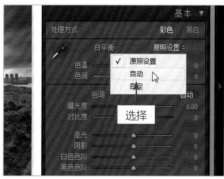

图22-10　选择"自动"选项

STEP 03 执行上述操作后，即可自动调整错误的白平衡设置，恢复为自然的白平衡效果，如图22-11所示。

STEP 04 在"基本"面板中，设置"对比度""清晰度""鲜艳度"和"饱和度"的参数值，本例中分别设置为+29、+38、+51、+23。对这些参数的设置是为了增强照片对比，得到更清晰的画面效果，如图22-12所示。

图22-11　恢复为自然的白平衡效果

图22-12　最终图像效果

22.3　修正曝光不足，展现迷人的海上风景

下面这张照片展现的是迷人的海上风景，天空飘浮着朵朵白云，形态各一。一艘轮船在蔚蓝的海上畅意行驶，与远处的山脉各成一色，给人美的视觉感受。在航拍这张照片的时候，恰是由于那一艘轮船的存在，使海更显辽阔亦反衬得轮船愈发渺小。美中不足的是，因为拍摄的问题画面曝光度不足，可进行后期处理，修正曝光不足的问题。

STEP 01 在Lightroom中导入一张照片素材，如图22-13所示。

STEP 02 切换至"修改照片"模块，展开"基本"面板，设置"曝光度"和"对比度"的参数值，本例中分别设置为+1.9和+50，如图22-14所示，增加照片的明暗对比。

STEP 03 在"基本"面板中，设置"高光""阴影""白色色阶""黑色色阶"各参数值，本例中分别设置为-100、+60、+21和-72，如图22-15所示。

STEP 04 执行上述操作后，即可调整图像暗调，如图22-16所示。

图22-13 导入一张照片素材

图22-14 增加照片的明暗对比

图22-15 设置相应参数

图22-16 调整图像暗调

STEP 05 在"基本"面板的"偏好"选项区中设置"清晰度""鲜艳度""饱和度"各参数值，本例中分别设置为+29、+17和+19，如图22-17所示，对图像进行锐化处理，得到更鲜艳的画面。

STEP 06 展开"色调曲线"面板，进入编辑点曲线模式，本例中在曲线上添加两个节点，并适当调整其位置，如图22-18所示，增强色彩对比效果。

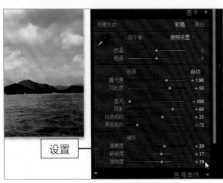

图22-17 对图像进行锐化处理

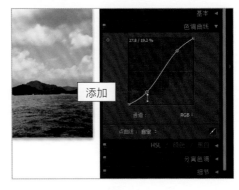

图22-18 增强色彩对比效果

STEP07 选取裁剪叠加工具，设置"角度"参数值，本例中设置为1.61，如图22-19所示，扶正倾斜的水平线。

STEP08 单击"完成"按钮，得到最终效果，如图22-20所示。

图22-19　设置"角度"参数值

图22-20　最终效果

💡专家提醒　拍摄这张照片时，无人机飞得不太高，沿着海面飞行，这样可以拍出海面水波荡漾的层次感。海面与远处山峰的边界形成一条水平线，将天空与海面分割开来，再将明亮的天空与山峰两种不同亮度的区域并置在一个画面中，能够给观众带来视觉冲击。

22.4　提高鲜艳度，让照片色彩更具冲击力

有一些航拍的画面在颜色上过于暗淡，不能很好地突出画面的艳丽，此时可以通过后期处理，利用Lightroom中的快速调整功能，恢复画面的艳丽色彩，轻松提升照片的色彩饱和度，让原本暗淡无光的照片重现生机，增强画面的艺术感染力。

STEP01 在Lightroom中导入一张照片素材，如图22-21所示。

STEP02 在"图库"模块中展开右侧的"快速修改照片"面板，单击"增加鲜艳度"按钮，如图22-22所示，提高照片色彩饱和度。

图22-21　导入一张照片素材

图22-22　单击"增加鲜艳度"按钮

STEP 03 继续单击两次"增加鲜艳度"按钮，让原本暗淡的照片变得更加艳丽起来，效果如图22-23所示。

STEP 04 切换至"修改照片"模块，展开"基本"面板，设置"曝光度""对比度"和"白色色阶"各参数值，本例中分别设置为+0.40、+18和+41；在"偏好"选项区中，设置"清晰度""鲜艳度""饱和度"参数值，本例中分别设置为+45和+50，如图22-24所示。

图22-23　让照片变得更加艳丽起来　　　　图22-24　设置相应颜色参数

STEP 05 设置完成后，即可提高鲜艳度，增强照片的对比效果，如图22-25所示。

图22-25　增强照片的对比
效果

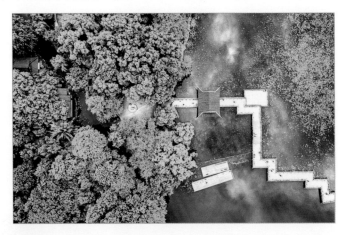

22.5　为照片添加暗角，使画面更具艺术感

为航拍的风景照片添加暗角艺术特效，可以使画面更加立体，还能使画面中的主体更加突出。下面介绍为照片添加暗角特效的操作方法。

STEP 01 在Lightroom中导入一张照片素材，如图22-26所示。

STEP 02 切换至"修改照片"模块，展开"基本"面板，设置"清晰度""鲜艳度""饱和度"各参数值，本例中分别设置为+16、+50和+20，如图22-27所示，增强画面的鲜艳度。

图22-26　导入一张照片素材

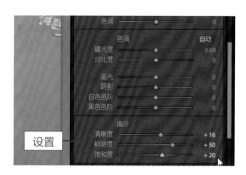

图 22-27　设置相应参数值增强画面鲜艳度

STEP 03 展开"HSL/颜色/黑白"面板，切换至"明亮度"选项卡，在其中设置相应颜色参数，如图22-28所示，调整画面颜色，使画面变得更加柔和。

STEP 04 执行上述操作后，即可使风景照片的颜色更漂亮，效果如图22-29所示。

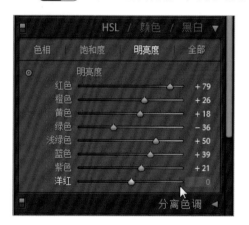

图22-28　设置相应颜色参数

图 22-29　使风景照片的颜色更漂亮

STEP 05 展开"效果"面板，设置"数量"和"中点"参数值，本例中分别设置为-60和50，如图22-30所示。

STEP 06 执行上述操作后，即可为照片添加暗角效果，如图22-31所示。

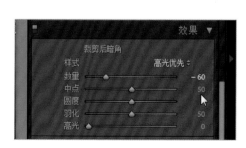

图22-30　设置"效果"参数

图22-31　为照片添加暗角效果

22.6 使用渐变滤镜，增强天空的色彩

在航拍自然风光时，若是为了突出天空下的景色忽略了天空，使其缺少了应有的层次感，就需要通过后期处理增强天空色彩。本实例中，在Lightroom中应用渐变滤镜工具，从天空区域向下拖曳渐变，增强蓝色的天空色彩，再通过调整画面色彩，展现完美的画面效果。具体操作如下所述。

STEP 01 在Lightroom中导入一张照片素材，如图22-32所示。

STEP 02 切换至"修改照片"模块，在工具栏上选取渐变滤镜工具，如图22-33所示。

图22-32　导入一张照片素材

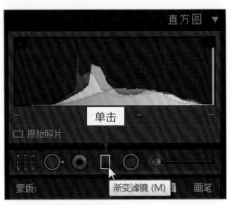

图22-33　选取渐变滤镜工具

STEP 03 从图像上方，向下方拖曳鼠标，当拖曳至合适位置时，释放鼠标，完成渐变绘制，如图22-34所示，用户可以根据照片实际情况自行调整拖曳位置。

STEP 04 在"渐变滤镜"选项面板中，设置"色温""色调""曝光度"和"锐化程度"各参数值，本例中分别设置为-100、100、-0.2和50，如图22-35所示。

图22-34　完成渐变绘制

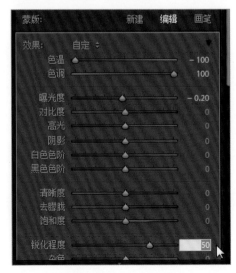

图22-35　设置各参数

STEP 05　设置完成后，即可调整天空的明暗对比，效果如图22-36所示。

STEP 06　单击"颜色"选项右侧的颜色选择框，在打开的颜色拾取器中选择蓝色，加深天空颜色，如图22-37所示。

图22-36　天空的明暗对比已被调整

图22-37　加深天空的颜色

STEP 07　单击主窗口右下角的"完成"按钮，即可添加渐变滤镜效果，如图22-38所示。

STEP 08　展开"HSL/颜色/黑白"面板，切换至"饱和度"选项卡，在其中设置各颜色参数，如图22-39所示。

图22-38　添加渐变滤镜效果

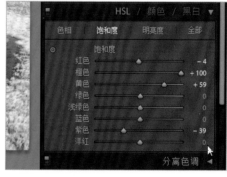

图22-39　增强画面色彩

图22-40　增强天空色彩的最终效果

STEP 09　执行上述操作后，即可增强天空的色彩。照片最终效果如图22-40所示。

22.7　调整照片色调，展现夕阳的剪影效果

夕阳红是由于光的折射与散射造成的。有时候我们航拍出来的照片中夕阳红颜色并没有那么绚丽，此时可以通过后期进行调整。

STEP 01 在Lightroom中导入一张照片素材，如图22-41所示。

STEP 02 切换至"修改照片"模块，展开"HSL/颜色/黑白"面板，在"HSL"面板中切换至"色相"选项卡，设置"橙色""黄色"和"绿色"各参数值，在本例中分别设置为-30、-30和+100，如图22-42所示，调整照片色相。

图22-41　导入一张照片素材

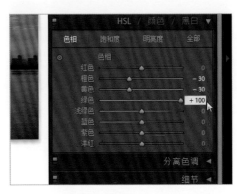

图22-42　调整照片色相

STEP 03 在"HSL"面板中切换至"饱和度"选项卡，设置"橙色"和"黄色"参数值，本例中均设置为+100，如图22-43所示，更改相应颜色的饱和度。

STEP 04 展开"基本"面板，在"白平衡"选项区中设置"色温"参数值，本例中设置为+15，如图22-44所示，设置画面中的色温参数。

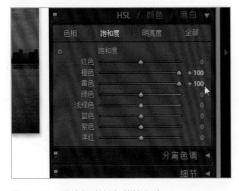

图22-43　更改相应颜色的饱和度

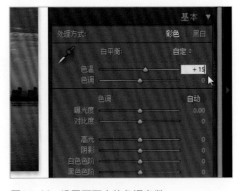

图22-44　设置画面中的色温参数

STEP 05 在"基本"面板中设置"对比度""高光""阴影""白色色阶""黑色色阶"和"清晰度"各参数值，本例中分别设置为+11、+9、+25、+30、+5和+14，如图22-45所示，以改善画面效果。

STEP 06 执行上述操作后，即可提高画面的对比和清晰度，效果如图22-46所示。

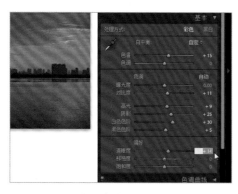

图22-45　设置相关参数

图22-46　提高了画面的对比和清晰度

STEP 07 展开"镜头校正"面板，在"手动"选项卡的"暗角"选项区中设置"数量"和"中点"参数值，本例中分别设置为-100和10，如图22-47所示，设置"镜头校正"的相关参数。

STEP 08 执行上述操作后，即可为照片添加镜头暗角效果，效果如图22-48所示。

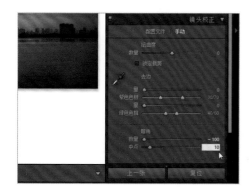

图22-47　设置"镜头校正"的相关参数

图22-48　为照片添加镜头暗角效果

第 23 章

剪辑：快速剪辑与精修视频画面

学前提示

　　现在越来越多的摄影师喜欢使用无人机拍摄视频，发布到各大社交媒体平台，比如抖音、今日头条、朋友圈等。但是刚拍摄出来的原片是不漂亮的，需要经过后期剪辑、精修、调色处理后，画面才具有视觉冲击力。本章主要介绍使用Premiere对视频进行后期处理的方法，希望读者熟练掌握本章的重点内容。

23.1　视频剪辑理论知识，这5个重点要掌握

万事理论为先，本节先来介绍一下视频剪辑的理论知识，让大家在剪辑时能够有章法，使剪辑出来的视频更加出彩。

1. 背景音

这里的背景音包括了背景音乐、环境音效和旁白。之所以把它放在第一位，是因为背景音在短片中的重要性远远比观众想象得要大。

航拍短片不可能有电影、电视剧那样吸引观众跌宕起伏的情节，基本就是自然城市风光加上主角一些活动的镜头。因而，航拍短片的剪辑基本都是以音乐和旁白的节奏为基础，一首耳熟能详的歌曲、一曲动人的背景音乐或是与画面匹配的旁白，都可以成为航拍视频的主旋律，成为航拍画面重要的关键元素。仅有音乐和旁白还不够，没有匹配环境音的视频，就比较单薄，额外补充环境音效可以更容易让观众沉浸在航拍画面之中，给航拍视频锦上添花。

2. 航拍镜头分类

新手剪辑视频最容易犯的一个错误就是视频中的镜头类型过于单一，这样很容易让观众没有新鲜感，比较乏味。虽然无人机很难拍摄普通相机的中景到特写镜头，但是在远景、大远景和超大远景之间还是可以互相切换的。注意，尽量按照由远及近或者由近及远的合理顺序进行剪辑，避免出现逻辑错误，如图23-1所示。

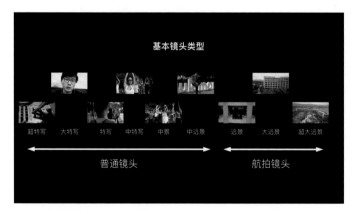

图23-1　无人机航拍镜头分类

3. 剪辑逻辑

视频剪辑的第一个逻辑是信息，如果上一片段不再有新的内容继续给观众观看，而下一片段正好有新的信息，这就是最佳的剪辑点。举个通俗的例子，"从前有座山"就可以配一个2秒左右由远及近拍摄高山的画面；"山上有座庙"就可以配2秒左右寺庙的镜头。以此类推，镜头就自然而然地根据信息被组合在了一起。

为何是2秒左右呢？因为一般没有大幅度运动或者没有主体目标活动的话，2秒的镜头足够让观众看清画面中的所有信息。如果再多做停留，就是无效信息了。

4. 无人机的飞行动作一定要剪辑得连贯

新手还容易犯的一个错误是不注意无人机的运动方向，剪辑时把向前向后镜头、向左向右镜头剪辑在一起，造成观众视觉错位的糟糕情况。新手可以尝试把不同场景的向前飞行镜头组合在一起，营造飞出不同时空的特殊感觉。

5. 拍摄角度变化要大

这也是新手最容易犯的一个错误，把同一场景变化不大的航拍镜头硬生生剪辑在一起，给观众造成了不舒服的感觉。在剪辑中，前后镜头一定要有大于30°的角度变化，才能给观众带来新镜头的惊喜感。

图23-2所示是笔者在航拍自然博物馆时以不同高度、不同角度拍摄，然后剪辑在一起的片段，每一个片段都给人一种新镜头的感觉。

图23-2　不同高度、不同角度的拍摄

23.2　将视频剪辑成多段，删除不需要的片段

在Premiere Pro CC中，利用剃刀工具可以将一段选中的素材文件进行剪切，将其分成两段或几段独立的素材片段，然后将不需要的片段删除，剩下的素材将会自动合成新视频。下面介绍将视频剪辑成多段并合成视频的操作方法。

STEP 01 启动Premiere Pro CC软件，新建一个项目文件，在菜单栏中单击"文件"|"新建"|"序列"命令，如图23-3所示。

STEP 02 弹出"新建序列"对话框，其中各选项均维持默认设置，单击"确定"按钮，如图23-4所示。

图23-3　选择"序列"选项

图23-4　单击"确定"按钮

STEP 03 新建一个空白的序列文件，显示在"项目"面板中，如图23-5所示。

STEP 04 在"项目"面板中单击鼠标右键，在弹出的快捷菜单中选择"导入"选项，如图23-6所示。

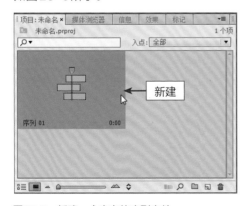

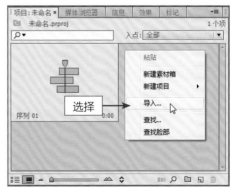

图23-5　新建一个空白的序列文件

图23-6　选择"导入"选项

STEP 05 弹出"导入"对话框，在其中选择需要导入的视频文件，本例中选择的视频

文件名为"沿海风光",单击"打开"按钮,如图23-7所示。

STEP06 视频文件即被导入"项目"面板中,显示为视频缩略图,如图23-8所示。

图23-7 选择需要导入的视频文件

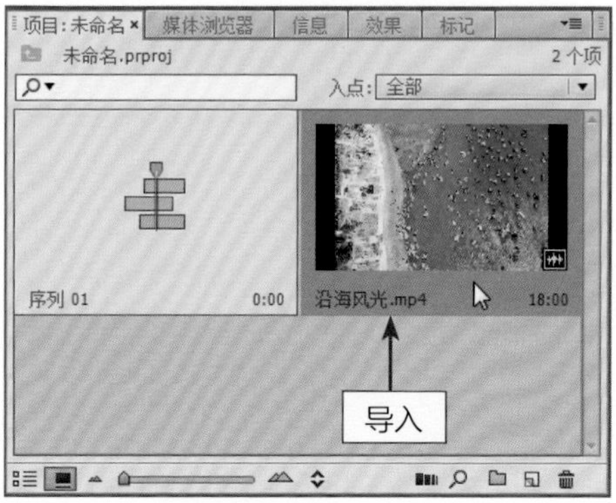

图23-8 将文件导入"项目"面板中

STEP07 在"项目"面板中,选择该视频文件,将其拖曳至V1视频轨中,即可添加视频文件,如图23-9所示。

STEP08 在工具面板中,选取剃刀工具 ,如图23-10所示。

图23-9 将视频拖曳至V1视频轨中

图23-10 选取剃刀工具

STEP09 将鼠标指针移至视频素材中需要剪辑的位置,单击鼠标左键,即可将视频素材剪辑成两段,如图23-11所示。

STEP10 用同样的方法,对视频素材进行多次剪辑操作。接下来选择需要删除的某个视频片段,如图23-12所示。

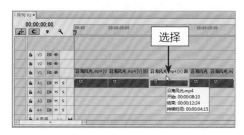

图23-11 将视频素材剪辑成两段

图23-12 选择某个视频片段

STEP 11 按 Delete 键，即可删除所选的视频片段，如图 23-13 所示。

STEP 12 将右侧的视频片段向左移，进行合成，即贴紧前一段视频，使视频画面播放连贯，如图 23-14 所示，完成视频片段的剪辑与删除操作。

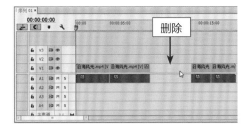

图 23-13　删除选择的视频片段

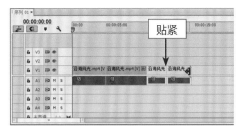

图 23-14　贴紧前一段视频

STEP 13 单击"播放"按钮，预览剪辑完成后的视频画面效果，如图 23-15 所示。

图 23-15　预览剪辑完成后的视频画面效果

23.3　制作视频快动作，10秒播放10个场景

我们在朋友圈或抖音中，经常看到一个视频内包括了多个不同的场景、不同的画面，而且每个场景的视频播放速度极快，这就是因为对视频进行了快进、压缩与合成处理。下面介绍制作视频快动作的方法，实现 10 秒播放 10 个场景。

STEP 01 新建一个项目与序列文件，在"项目"面板中导入 10 段不同的视频文件，如图 23-16 所示。

图 23-16　导入 10 段不同的视频文件

STEP 02 将导入的 10 段视频文件均添加至 V1 视频轨中，如图 23-17 所示。

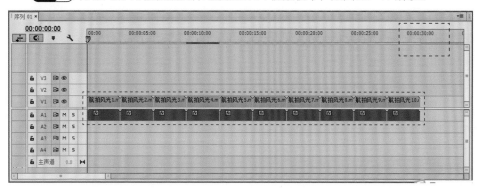

图 23-17　将 10 段视频文件均添加至 V1 视频轨中

STEP 03 全选 V1 视频轨中的 10 段视频并单击鼠标右键，在弹出的快捷菜单中选择"速度/持续时间"选项，如图 23-18 所示。

STEP 04 弹出"剪辑速度/持续时间"对话框，在其中设置"持续时间"为 00:00:01:00，将每一段视频的持续时间设置为 1 秒，如图 23-19 所示。

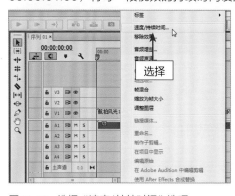

图 23-18　选择"速度/持续时间"选项

图 23-19　设置"持续时间"为 00:00:01:00

STEP 05 单击"确定"按钮，即可将整个项目的持续时间更改为 10 秒，如图 23-20 所示。

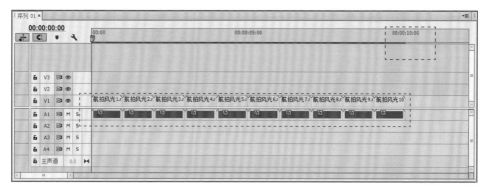

图23-20　将整个项目的持续时间更改为10秒

STEP 06 单击"播放"按钮，预览制作完成后的10秒视频的画面效果，如图23-21所示。

图23-21　预览制作完成的10秒小视频的效果

23.4 调节色彩与色调，让视频更具有冲击力

在Premiere Pro CC中编辑视频时，往往需要对视频素材的色彩与色调进行调整。调整素材的颜色时，可以使用"颜色平衡"特效功能，该特效主要是通过调整画面的饱和度关系和色彩变化来实现画面颜色的调整，下面介绍具体操作步骤。

STEP 01 单击"播放"按钮，预览V1视频轨中的素材画面，如图23-22所示。

图23-22　预览V1视频轨中的素材画面

STEP 02 在V1视频轨中，选择需要调整颜色的视频素材，如图23-23所示。

STEP 03 打开"效果"面板，展开"颜色校正"选项，选择"颜色平衡"视频效果，如图23-24所示。

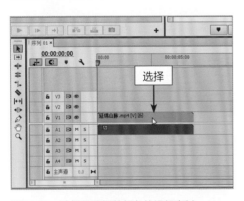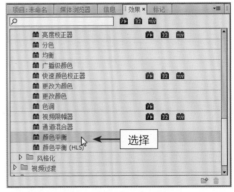

图23-23　选择需要调整颜色的视频素材　　图23-24　选择"颜色平衡"视频效果

💡**专家提醒** 在Premiere Pro CC中，"RGB曲线"特效也可以用来调整视频画面的色彩与色调。

STEP 04 单击鼠标左键并拖曳"颜色平衡"特效至"时间轴"面板中选择的视频素材文件上，在"效果控件"面板中可以查看添加的"颜色平衡"特效，如图23-25所示。

STEP 05 在"效果控件"面板中，展开"颜色平衡"选项面板，在其中设置各颜色参数，如图23-26所示，以调节视频画面中的色彩与色调。

图23-25　查看"颜色平衡"特效

图23-26　设置各颜色参数

STEP 06 执行上述操作后，即可运用"颜色平衡"特效调整色彩，效果如图23-27所示。

图23-27　运用"颜色平衡"特效调整色彩

23.5　添加视频滤镜，让画面产生镜头光晕特效

在Premiere Pro CC强大的视频效果的帮助下，可以对视频素材进行处理和加工，从而得到令人满意的视频画面。下面介绍为视频添加滤镜效果的方法。

STEP 01 在V1视频轨中，选择需要添加滤镜效果的视频素材，如图23-28所示。

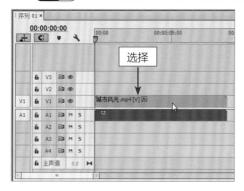

图23-28　选择视频素材

图23-29　查看素材的画面效果

STEP 02 在"节目"面板中，可以查看素材的画面效果，如图23-29所示。

STEP 03 在"效果"面板中，展开"视频效果"选项，在"生成"列表框中选择"镜头光晕"选项，如图23-30所示。

STEP 04 将其拖曳至V1轨道中所选择的视频上，在"节目"面板中即可以预览添加视频滤镜后的画面效果，如图23-31所示。

图23-30　选择"镜头光晕"选项

图23-31　预览添加的滤镜效果

STEP 05 展开"效果控件"面板，在其中设置"光晕中心"的参数，本例中分别设置为636、295，如图23-32所示。

STEP 06 执行操作后，即可调整光晕的中心位置，效果如图23-33所示。

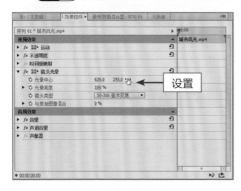

图23-32　设置"光晕中心"的参数

图23-33　调整光晕的中心位置

23.6　为视频添加文字，解说视频内容

在视频画面中，字幕是不可缺少的一个重要组成部分，起着解释画面、补充内容的作用，有画龙点睛之效。下面介绍为视频添加字幕效果的操作方法。

STEP 01 在上一例的基础上，接下来为视频添加文字效果。单击"字幕"|"新建字幕"|"默认静态字幕"命令，如图23-34所示。

STEP 02 弹出"新建字幕"对话框，单击"确定"按钮，如图23-35所示。

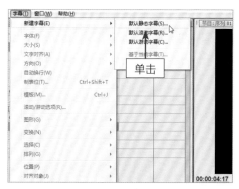

图23-34　单击"默认静态字幕"命令

图23-35　弹出"新建字幕"对话框

STEP 03 执行上述操作后，打开"字幕"窗口，如图23-36所示。

STEP 04 运用文字工具在窗口中输入相应的文本内容，并设置字体格式，如图23-37所示。

图23-36　打开"字幕"窗口

图23-37　输入相应文本内容

STEP 05 文字创建完成后，关闭"字幕"窗口，在"项目"面板中显示了刚创建的字幕文件，如图23-38所示。

STEP 06 将字幕文件拖曳至"序列"面板的V2轨道中，如图23-39所示。

图23-38　显示创建的字幕文件

图23-39　添加至V2轨道中

STEP 07 将鼠标指针移至字幕文件的右侧，鼠标指针呈 ➤ 形状，如图23-40所示。

STEP 08 单击鼠标左键并向右拖曳，调整字幕文件的区间长度，如图23-41所示。

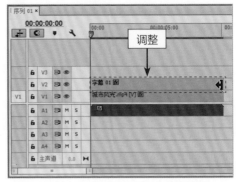

图23-40　将鼠标指针移至字幕文件的右侧　　图23-41　调整字幕文件的区间长度

STEP 09 在"节目"面板中，单击"播放-停止切换"按钮，预览创建字幕后的视频效果，如图23-42所示。

图23-42　预览创建字幕后的视频效果

23.7　去除视频原声，重新添加背景音乐

在Premiere Pro CC中，音频的制作非常重要，音频和视频具有同样重要的地位，音频质量的好坏直接影响到视频作品的质量。下面介绍为视频添加背景音乐的方法。

STEP 01 在上一例的基础上，接下来添加背景音乐。首先去除视频原声，在V1视频轨中选择视频素材，单击鼠标右键，在弹出的快捷菜单中选择"取消链接"选项，取消视频与背景音乐的链接，如图23-43所示。

STEP 02 单独选择视频原声，按Delete键进行删除操作，如图23-44所示。

STEP 03 在"项目"面板中，单击鼠标右键，在弹出的快捷菜单中选择"导入"选项，如图23-45所示。

STEP 04 在弹出的"导入"对话框中，选择音频文件，单击"打开"按钮，如图23-46所示。

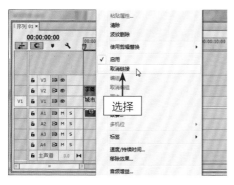

图 23-43　选择"取消链接"选项

图 23-44　单独删除视频原声

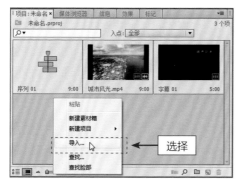

图 23-45　选择"导入"选项

图 23-46　单击"打开"按钮

STEP 05 将音频素材导入至"项目"面板中，如图 23-47 所示。

STEP 06 将导入的音频素材拖曳至"序列"面板中的 A1 轨道中，如图 23-48 所示。

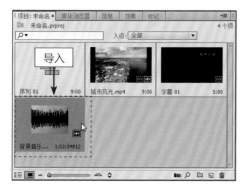

图 23-47　导入音频素材

图 23-48　添加音频素材

STEP 07 使用剃刀工具将音频素材剪辑成两段且使前段音频时长与 V1 轨道中的视频时长相匹配，如图 23-49 所示。

STEP 08 选择后段音频素材，按 Delete 键进行删除操作，即可完成音频的添加与剪辑操作，如图 23-50 所示。

图 23-49　将音频素材剪辑成两段

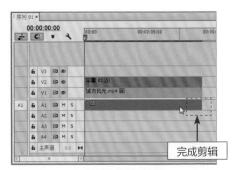

图 23-50　完成音频的添加与剪辑

23.8　一键输出成品视频，并分享至媒体平台

在 Premiere Pro CC 中，当用户完成一段视频内容的编辑，并且对编辑的效果感到满意时，可以将其以各种不同格式的文件输出。在导出视频文件时，用户需要对视频的格式、输出名称、导出位置等选项进行设置。下面介绍输出视频的操作方法。

STEP 01 在菜单栏中，单击"文件"|"导出"|"媒体"命令，如图 23-51 所示。

STEP 02 弹出"导出设置"对话框，在右侧设置"格式"，在这里设置为 H.264，这是 MP4 格式，勾选"导出视频""导出音频"复选框，再单击下方的"导出"按钮，如图 23-52 所示。

STEP 03 弹出信息提示框，显示视频导出进度，如图 23-53 所示。待视频导出完成后，在文件夹中即可显示导出的视频文件。

图 23-51　单击"媒体"命令

💡专家提醒　在 Premiere Pro CC 中，按 Ctrl ＋ M 组合键，也可以快速弹出"导出设置"对话框。

图 23-52　设置并单击"导出"按钮

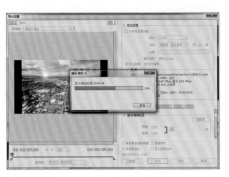

图 23-53　显示视频导出进度